この海/山/空は だれのもの!?

米軍が駐留するということ

琉球新報社編集局 編著

高文研

◆――はじめに

外交無策に国民の監視を

琉球新報社執行役員・編集局長　普久原　均

戦後70年余、この国には一人の陸奥宗光《むつむねみつ》も一人の小村寿太郎《こむらじゅたろう》もいなかった。この国の外交の、哀れな実態である。

もちろん同一人物が歴史に繰り返し立ち現れるはずがない。主権国家として当たり前の、主権を取り戻す気概を持った政治家・外交官がただの一人もいなかったことを指しているのである。

周知の通り陸奥は、幕末の日米和親条約をはじめとする各国との治外法権を撤廃させた外務大臣であり、小村は１９１１年に関税自主権を回復した外務大臣であった。いずれも毀誉褒貶《きよほうへん》（ほめたりけなしたりすること）それぞれあり、単純に賞賛できる人物ではない。だが、少なくとも不平等条約改正へ向けて困難な外交交渉を行い、主権回復に尽力した点は衆目の一致するところであろう。

幕末の不平等条約改正は非常な困難を伴ったと認識されているが、それでも治外法権は30数年で改正された。だが現代の日米安全保障条約、それを下支えする日米地位協定は、米軍の占領開始から70数年を経てもなお改正の兆しすらない。

50年余を要した関税自主権とは異なり、治外法権が30数年で改正できたのは、罪ある人間を裁けないというのがいかにも人道に反することだから、という側面もあろう。だが現代の日米地位協定も、同じような治外法権であるにも関わらず、全く改善の兆しもないのである。

「日米地位協定は治外法権とは異なる」と日本政府は主張するかもしれない。公務でない場合は日本側に裁判権がある、というのをその根拠に挙げるだろう。起訴前まで身柄は日本側に引き渡されないものの、米軍側の立ち会い付きで日本の警察の取り調べに応じることにもなっている。

だが犯人がいったん基地に逃げ込めば、基地内に日本警察の捜査が及ばないのだから、証拠隠滅は簡単だ。事実、２０１６年の女性強姦殺人事件の犯人は、女性を詰めたスーツケースを基地内に遺棄したと供述したが、そのスーツケースは見つからずじまいなのである。

本書を読めば分かるが、複数犯の容疑者同士が基地内で、米側官憲の目の届かないところで口裏合わせすることも可能だ。証拠隠滅も口裏合わせもできるのだから、そもそも起訴に持ち込むことが難しくなるのは子どもでも分かる。起訴できないのだから、身柄が引き渡されようはずもない。「罪ある人間を裁けない」というのは決して比喩ではないのだ。

それどころか日本政府は、「著しく重要な事件以外」、米側に対して裁判権を放棄する密約までも交わすありさまなのである。

犯罪捜査だけではない。空の主権も米国に譲り渡したままだ。米軍機は日本の航空法に明白に反して低空を思うがまま飛んでいる。深夜や未明に爆音をまき散らしても日本政府は制御できない。

日本政府は「一般国際法上、外国軍隊に接受国の法令は適用されない」と言い、さも外国でも同様のように装っているが、真っ赤なウソだ。こちらも本書を読めば分かる通り、ドイツやイタリアではあり得ない主権の放棄なのである。前述の犯罪捜査も、例えば韓国と米国との協定よりもはるかに劣る。政府は日米地位協定が諸外国と比べ「最も有利」と称するが、どれほど厚顔であればそんな主張ができるのか、といぶかるほどの虚構なのである。

ではなぜ、これほどの主権放棄、属国外交が可能であったのか。

ひとえに国民の無関心に尽きる、と言えよう。この恐るべき外交の無策は、国民が関心を寄せ、実態を知ってさえいれば、許されようはずがない。外交官の尻をたたき、政府の姿勢を糾弾し、なすすべがない政権であれば退場させたはずである。

それは、これら米軍関連の問題が「沖縄問題」とされ、国民全体にとって、いわば「ひとごと」と認識されていたからではないか。

だが、例えば横田空域の管制権を米軍が握ることで羽田空港の発着が制限されていることに象徴されるように、これは「沖縄問題」ではなく全国共通の主権の問題なのである。

本書の元になった琉球新報の連載「駐留の実像」は、外国の具体的な交渉例を示すことで、日本外交をあえて反語的にあぶり出すことにした。

これを読めば日本外交の欠陥が鮮明に理解できるはずだ。そうしてこれが主権国家として、真っ先に取り組まねばならない外交課題であると認識していただければ、幸いである。

【編集：注】

◆本書は琉球新報紙上に２０１７年11月19日から２０１８年６月９日の間に、四部・47回にわたる「駐留の実像」と題する長期連載と、関連する特集および関係記事などを元にして、再構成の上、加筆、編集したものです。

◆文章中の登場人物の年齢、肩書きは、原則として新聞連載（掲載）当時のものです。とりわけ２０１８年８月８日に急逝した前沖縄県知事の翁長雄志氏は、連載中は知事として在職中でした。

◆なお連載「駐留の実像」は、第18回（２０１８年度）石橋湛山記念 早稲田ジャーナリズム大賞　公共奉仕部門 大賞を受賞しました。

◆──もくじ

2　主権及ばぬ空

〈第Ⅱ部〉 米軍駐留を支えているもの

装丁＝商業デザインセンター・増田　絵里

沖縄本島の軍事基地
北部訓練場
国頭村
奥間レストセンター
伊江島補助飛行場
大宜味村
今帰仁村
東村
八重岳通信所
本部町
名護市
キャンプ・シュワブ
辺野古弾薬庫
キャンプ・ハンセン
■恩納分屯地（空自）
■白川分屯地（陸自）
宜野座村
嘉手納弾薬庫地区
恩納村
金武町
金武ブルー・ビーチ訓練場
金武レッド・ビーチ訓練場
天願桟橋
陸軍貯油施設
キャンプ・コートニー
トリイ通信施設
キャンプ・マクトリアス
読谷村
うるま市
キャンプ・シールズ
嘉手納飛行場
浮原島訓練場
陸軍貯油施設
嘉手納町
沖縄市
■沖縄基地隊（海自）
キャンプ桑江
北谷町
ホワイト・ビーチ地区
■勝連分屯地（陸自）
泡瀬通信施設
キャンプ瑞慶覧
北中城村
津堅島訓練場
普天間飛行場
牧港補給地区
宜野湾市
中城村
浦添市
西原町
那覇港湾施設
■那覇航空基地（海自）
那覇市
与那原町
■知念分屯地（空自）
南風原町
■知念分屯地（陸自）
■那覇駐屯地（陸自）
豊見城市
南城市
■那覇高射教育訓練場（空自）
八重瀬町
■与座分屯地（陸自）
■那覇基地（空自）
■南与座分屯地（陸自）
糸満市
■那覇病院
■与座岳分屯基地（空自）
■島尻分駐所
■は自衛隊基地

◆──プロローグ

駐留米軍のあり方を問い直す

日本に駐留する米軍関係者の、公務外の犯罪ですら多くが刑事責任を問うことのできない事件・事故、周辺住民が危険を訴える訓練も止められない日本政府と米軍の関係性、深夜・早朝にも鳴り響く騒音……。

基地外の民間地で起きた墜落事故でも、米軍機の調査には日本政府や地元自治体は一切関与できず、環境汚染が発覚しても「国土」への立ち入りを米軍に阻まれ、主権を侵害されている状況……。

在日米軍専用施設の70％が集中する沖縄では、これらのひずみが市民生活を脅かす実害となっている。そんな駐留を支える日本政府からの財政的支援は、世界でもずばぬけた水準で投じられている。

在日米軍のこうした駐留条件を定めているのが、「日米地位協定」だ。この協定の名前は、米軍基地が集中する沖縄では多くの人が耳にしたことがある。この協定の内容が基地から派生する事件・事故、環境汚染事故、騒音問題など、住民生活に直結するからだ。

だが多くの国民には〝なじみ〟のないものだろう。米軍絡みの事件・事故が起きた直後に、自治体や市民が抗議をしている様子などはよく全国ニュースで報じられるが、その原因調査や再発防止策の検証、裁判権の行使、環境汚染調査などさまざまな問題がその後も続く実態は知られていない。それが報じられることもあまりない。

歴代の沖縄県政や沖縄県議会は保革を超え、この協定の「抜本改定」を求め続けてきた。日米地位協定はその「本体」だけでなく、その運用の詳細を決めるために日米両政府が非公開で開催する「日米合同委員会」の合意議事録、さらにはその中で交わされた「密約」までもが体系的に効力を発生させてきた。

例えば在日米軍関係者による犯罪に関する刑事裁判権の問題だ。日米地位協定17条は、公務外の米軍人犯罪に対しては日本側が一次裁判権を行使すると記載している。だが日米地位協定の前身である日米行政協定の改定に伴い、1953年10月に日米が交わした密約で、日本側は「日本にとって著しく重要と認める事件以外は第一次裁判権を行使しない」ことを米側に伝えている。以降、この密約は現在まで脈々と受け継がれてきた。

日本政府は密約の存在を今も否定しているが、米政府関係者は著書で、「日本はこの取り決めを誠実に実施している」と密約の存在を公に認めている。

それを裏付けるように、2007～16年の10年間に国内で発生した米軍関係者による一般刑法犯（自動車による過失致死傷を除く）に対する起訴率は、日本人を含めた国内全体の平均起訴率の半分以下となっている。

ある検察OBはこう告発する――「日米地位協定の本文自体は公開されているため、仮にその内容が不平等だとしても国会の場で議論できる。しかしその運用を決める日米合同委員会は非公開となっているため、国民がその内容を知ることもできない。合同委員会が問題の『本丸』だ」

1960年の締結以降、日米地位協定は一度も改定されたことがなく、政府が改定交渉を提起したこともない。政府は、「日米地位協定の規定は、他の地位協定の規定と比べても、NATO地位協定と並んで受け入れ国にとって一番有利なもの」との立場だ。

外務省は、「一般国際法上、駐留を認められた外国軍隊には特別の取り決めがない限り接受国の法令は適用されず、このことは、日本に駐留する米軍についても同様だ」との見解も示している。だがNATO加盟国で、日本と同じく米軍が大規模に駐留するドイツやイタリアを見ると、日米地位協定が「一番有利」なことは、事実ではないことが鮮明に浮かび上がる。

イタリアやドイツはNATO地位協定と併せて米国と結んだ協定で、受け入れ国側が米軍基地の管理権を確保したり、受け入れ国の法律を米軍の活動に適用したりするなど、より自国の主権を担保する仕組みを構築しているからだ。

深夜・早朝の騒音対策でも、受け入れ国の法律や基準に違反しないよう配慮した運用がなされ、環境汚染事故では受け入れ国の立ち入りの下で透明性を確保して浄化措置が取られる。

基地周辺にある自治体の苦情や要望を、日常の基地運用に反映させる制度も確立されている。「排他的管理権」を盾にこれらへの干渉を拒む在日米軍基地とは、運用に大きな開きがある。

日米間のこれまでの交渉記録などからは、日本政府関係者が自国の主権確保を米政府に強く主張するどころか、むしろ米軍の奔放さを支えるべく進んで妥協し、地元住民の生活をないがしろにするような姿勢すら判明してきた。

駐留米軍に対する財政支援も、NATO加盟国では税金などの義務的経費を免除する「間接支援」が大部分を占めるのに対し、日本ではこれに加えて米軍従業員の給与、光水熱費、米軍人向けの住宅や余暇施設の建設など、さまざまな経費負担も「直接支援」の名目で行ってきた。

駐留経費の負担額・負担割合ともに、駐留米軍に対して世界で最も「気前のいい」国だ。

日米同盟が「片務的」という方便の下、地位協定の改定交渉を避け、「思いやり予算」をはじめ多くの駐留経費をつぎ込んできた、「駐留」のあり方をいま一度問い直す。

第Ⅰ部

米軍駐留の実像

駐留の実像

1【治外法権】

※北イタリア米軍機事故

自国の空は自国のもの

◎「米軍は従うだけだ」―低空飛行、禁止迫る

1999年春、米首都ワシントン近郊の米国防総省の一室、張り詰めた空気が部屋を包んでいた。米軍幹部に向き合うイタリア空軍のレオナルド・トリカルコ氏（当時NATO第5空軍司令官、後にイタリア空軍参謀総長）の表情は、怒気に満ちていた。

この前年の98年2月3日に北イタリアのチェルミス峡谷で、米軍機によるロープウエーのケーブル切断事故が発生した。20人もの死者を出した事故を受け、米伊両政府は翌99年3月、合同の委員会を設立した。委員会の任務は事故の原因究明と再発防止策の策定である。トリカルコ氏は、イタリア側責任者だった。

米国と共同で報告をまとめるため、トリカルコ氏は再発防止策として、事故現場から30キロ以内の低空飛行訓練の禁止、イタリア国内での低空飛行規制高度の引き上げ、外来機による低空飛行訓

練の原則禁止などの方針をまとめ、米側に文書を送った。

米軍からの返答はそのほとんどに同意していたが、肝心の低空飛行訓練に関する新たな規制の部分は削除されていた。

「頭に来て、文書を受け取ったコソボからそのまま飛行機に乗り、ペンタゴン（米国防総省）に乗り込んだ」というトリカルコ氏は、到着後、向かい合う米軍高官にこう告げた。

「私はこの案をあなた方が許諾するかどうか、という議論をしていない。これは取引や協議でもない。米軍の飛行機が飛ぶのはイタリアの空だ。私が規則を決め、あなた方は従うのみだ。さあ、署名を……」

◎米軍基地でもイタリアに主権

1998年に北イタリアで起きた米軍機によるスキー用ゴンドラのケーブル切断事故を受け、米軍に低空飛行訓練の新たな規制を受け入れさせた協議の様子を説明するレオナルド・トリカルコ氏＝イタリア・ローマ市内にて

米伊合同の委員会が立ち上がるわずか5日前の1999年3月4日、この事故に関する米軍の軍法会議（軍事裁判所）で、過失致死などに問われた操縦士に対し、無罪判決が出ていた。

事故を起こした米海兵隊EA6B電子戦機は、イタリアの規制と米軍の内部規則の両方に違反する低空高度を飛び、さらに速度超過だった。ケーブルが切れ、地上110メートルから落下したゴンドラに乗っていた犠牲者の中には、イタリア人だけでなく、ドイツやベルギーなど海外からのスキー客も含まれていた。

無罪判決への批判はヨーロッパ中に広がっていた。

判決直後の3月9日、訪米中だったイタリアのダレーマ首相（当時）がクリントン米大統領（同）との首脳会談で合意を交わしたのが、米伊両政府で再度この事故原因を調査し、再発防止策を策定する合同委員会の立ち上げだった。

「私は全力を尽くし、真実を追求した」――イタリア側の責任者に指名されたトリカルコ氏らが関連書類などを調べたところ、操縦士らには6つの違反行為が確認された。

「その中でも、最も許し難かった」ことがあった。

米軍の飛行訓練に対する許可権を持つイタリア軍に対して、操縦士はNATOの任務という虚偽の飛行申請を出していた。だが実際は、単に米海兵隊としての飛行だったのだ。

この「虚偽申請」は、低空飛行に関するイタリア側の厳しい審査過程を簡素にする〝すり抜け行為〟を意味していた。

「操縦士は間もなく米国に帰国予定で、物見遊山、遊び半分の姿勢だった。飛ぶ権利のない者が虚偽の申請に基づき飛行し、惨劇を起こした。信じ難い事故だった」

この調査結果を基に、トリカルコ氏は低空飛行訓練の見直しを米側に迫った。

トリカルコ氏が一歩も譲らない姿勢で米側に臨んだのは、個人的な「執念」だけが後押ししたのではない。米伊両政府で結ばれている協定の存在がある。

イタリアにおける米軍基地の運用に関する使用協定「モデル実務取り決め」（95年改定）などは、イタリア国内の米軍基地にもイタリアの主権が及ぶと定め、「基地はイタリア司令部の下に置かれる」としている。

さらに使用協定の個々の条文は例えば、「イタリア司令官は米軍の活動がイタリアの法律を順守していないと判断する時は、米軍司令官に忠告し、イタリア当局上層部に助言を求める」（第6条の3項）、「イタリアの司令官は、明らかに公衆の生命や健康に危険を生ずる米軍の行動を米軍司令官が直ちに中断させるよう介入する」（第6条の5項）、「全ての訓練と作戦に関する計画と実施は、イタリアの法律を順守しなくてはならない」（第17条の1項）などと定めている。

1998年に米軍機が低空飛行訓練でスキー用ゴンドラのケーブルを切断した北イタリアのチェルミス峡谷。事故後、イタリア側の求めで低空飛行訓練が規制された

合同委員会発足後の99年4月13日、米伊両政府はトリカルコ氏が提示した低空飛行の新規制を含む最終報告書に正式に合意した。

事故現場となったチェルミス峡谷はいま、低空飛行訓練は行われておらず、静けさに包まれていた。

駐留の実像

1【治外法権】

※北イタリア米軍機事故

イタリア元首相「真相究明は当然」

◎機体、飛行記録を差し押さえ

98年2月3日に北イタリアのチェルミス峡谷で米海兵隊の電子戦機が低空飛行中に引き起こし、20人もの犠牲者を出した事故は、「虐殺」という表現が用いられるほどの政治問題に発展した。

大きな要因の一つは、米軍のイタリア駐留を認めたNATO地位協定が、日米地位協定と同じく、米軍の公務中の事故については米側が一次裁判権を持つと定めている点だった。つまり「公務中」であることを根拠に、イタリア側は事故の刑事責任を問えず、米軍の軍法会議で操縦士らが裁かれる仕組みだ。

だがイタリア政府はこの時、「協定以上」とも言える行動に出た。

事故当日、現場に駆け付けたイタリアのロマーノ・プローディ首相は、「地表を飛ぶような恐ろしい低空飛行だ。明らかな規則違反で無謀な行為だ」と指摘し、自国の規制を逸脱した米軍機の低空飛行を批判した。

そしてイタリアとして、この事故の「責任」を追及すると表明した。

地元トレント自治県の検察は、操縦士らの起訴に向けて捜査に乗り出した。イタリア軍警は事故を起こした機体をはじめ、飛行記録などの文書も差し押さえた。

さらに地元検察はイタリア国内の低空飛行に関する規制内容を隊員に周知していなかったとして、飛行部隊の責任者も取り調べた。

「米軍はこの国の主権と法律の下で駐留しなくてはならない」と説明するランベルト・ディーニ元イタリア首相＝ローマ市内

これに対して米側は機密保持などを理由に機体や関連資料の返却を求め、両政府の間には緊張が走った。

事故当時、イタリアの外相だったランベルト・ディーニ元首相は、米政府に一歩も譲らなかったイタリア政府の姿勢を振り返る。

「操縦士の行動は常軌を逸していた。ミスをしたのは米軍だが、訓練はイタリア司令官の許可の下で行われた。われわれとして、真相を究明するのは当然だ」

✪イタリアは捜査権手放さず、飛行ルール変更主導

事故から約２週間後の１９９８年２月18日、イタリア政府は米国に対し、この事故に関する第一次裁判権を「放棄」するよう正式に要請する。そして米政府は98年３月16日、この要請を断り、一次裁判権の行使を主張した。イタリアの検察はなお操縦士らを起訴する方針を変えず、捜査を続けた。

しかし98年７月13日、イタリアのトレント裁判所はＮＡＴＯ協定に基づき、イタリア側はこの事故に対する裁判権は行使できないと判断した。機体を含む証拠品などを米軍に返却するようイタリア捜査当局に命じた。

事故に関する一次裁判権が米側にわたり、その後99年３月４日に開かれた米軍の軍法会議では、判決は操縦士を無罪とした。機体の案内役をしていた航空士への訴えも取り下げた。２人はその後、搭乗中に撮影した動画を削除した、証拠隠滅の容疑では有罪判決を受けた。

米軍の軍法会議による「無罪判決」からわずか一夜明けた99年３月５日、イタリアのマッシモ・ダレーマ首相（当時）は、苦々しい表情でクリントン米大統領（同）に告げた。

「事件の責任を問うことが困難になった。この結果に私は深い不満を抱いている」

ダレーマ氏は引き下がることなく、こう迫った。

「仮に被害者に対する妥当な補償が行われたとしても、それがこの悲劇を招いた過失に対する調査を終わらせることはできない」

チェルミス峡谷でのケーブル切断事故を受けてイタリア国内での米軍による低空飛行訓練の規制が大幅に見直されたことを伝える1999年4月17日付の琉球新報。同じ日の紙面で、沖縄では過去に死者を出したパラシュート降下訓練を県の中止要請を無視して米軍が嘉手納基地で強行したことを伝えている

その4日後のこと、米伊両首脳は、この事故に関する原因の究明と再発防止策の策定に改めて取り組む「合同調査委員会」を設立することで、正式に合意する。

チェルミス峡谷の事故でイタリア政府は、最終的に裁判権を行使できなかった。だが少なくとも捜査権は行使し、自らの手による真相解明を目指した。さらに捜査とは別に、米軍とイタリア軍が合同での事故調査も実施した。

調査の結果を踏まえたイタリア側の求めで、同国内での米軍機による低空飛行ルールは大きく変わった。

実はNATO加盟国では、米軍

が墜落などの重大事故を起こした場合は、受け入れ国側の軍隊と米軍が、共同で調査を実施する枠組みも規定されている。

一方、日本では米軍機の重大事故を巡り、日本政府や県警が米側に合同調査や捜査を申し入れてきたが、米軍はそれらが基地外で起きた事故であっても、ことごとく拒否している。

イタリア外相として事故を巡る米国との協議に当たったディーニ氏は、「あの事故は誰もが忘れてしまいたい記憶だ。だがわれわれは過去から学び、前進することが必要だ。悲劇が二度と起きないよう、将来に向けた予防措置を取ることはできたと思っている」と説明する。

日本と同じ「敗戦国」でありながら、イタリアは米軍が駐留する在り方を巡るルールや、その決まりを運用する政治的な姿勢に大きな違いがうかがえる。

ディーニ氏は次のように結んだ。

「ドイツもそうだが、われわれは戦後、NATO条約に基づく連合国という形で法的な関係を築き直した。同盟は相互理解によって成り立つものだ。イタリアは憲法に基づきNATOに加盟する契約を結んでいる。米軍は、この国の主権と法律の下において駐留しなくてはならない」

駐留の実像

1【治外法権】

＊ドイツの墜落事故

公正な事故調査　地元自治体が監視

２０１１年４月１日、米軍機は街のわずか約３００メートルの地点に墜落し、激しい衝撃音が鳴り響いた。ドイツ西部の米空軍シュパングダーレム基地所属のＡ10戦闘機が、基地から約20キロ離れた人口約５００人の小さな町・ラウフェルトで墜落事故を起こした。

街のホテルには事故を報じる地元紙が今も保管され、静かな街を襲った墜落が住民たちに与えた衝撃の大きさを物語っていた。

自宅の外で事故の瞬間を目撃したラウフェルトのカール・ジュンク行政長は、「最初はエープリルフールのいたずらと思うほど、にわかには信じられなかった」と、苦笑いを浮かべる。

だがジュンク氏は事故後、地元自治体の長として、住民の先頭に立って米軍に公正な調査を求めた。米軍とドイツ軍が共同で調査を実施する中、ジュンク氏も昼夜を問わず現場に足を運び続けた。

「調査が一方的な形ではなく、両側の視点から公正に行われているかを監視した。ドイツ側の調

2011 年４月に発生した米空軍戦闘機の墜落事故について、当時の汚染調査などで自身が果たした役割などを説明するラウフェルトのカール・ジュンク行政長

査メンバーが旧知の仲だったこともあり、私が両者の間に入り、コーディネーター的な役割も務めた」

ラウフェルトがとりわけ力を入れたのは、現場周辺の汚染調査だ。近くには農業用の水源もあり、風評被害も含めて影響は死活問題だった。

Ａ10戦闘機は核兵器も搭載可能なため、全国からはウラン汚染の有無などの問い合わせが相次いでいた。

この事故で米軍とドイツは事故の「原因」だけでなく、環境汚染の調査もそれぞれ別個に実施した。

「米軍だけに調査を任せると、事故の汚染が過小評価される懸念もある。信頼できる調査内容にするには、二重のチェックが必要だ」と、ジュンク氏は強調する。

町はこの時の調査結果を基に、地元のラインラント・プファルツ州と協力し、事故後5年にわたって現場付近の環境モニタリング調査を続けた。現場となった草原の汚染土は米軍が撤去し、地元から運んだ土と入れ替えたが、その後に事故との関係が疑われる汚染問題が生じた場合に、米軍に損害賠償を求められる体制を整えておくためだ。

「ドイツでは特に環境意識が高い。ただ自分のいすに座って米軍の調査結果を待つのではなく、地元が調査に積極的に関与し、主導権を握ることが必要だった。そのために何ができるかを考えて動いていた」とジュンク氏は説明する。

過去にドイツ国内で起きた米軍機事故で行われた環境調査の項目や、浄化作業などの情報を取り寄せ、米側とドイツ側の双方の調査内容に足りないところがないかを徹底的に調べ、〝監視役〟を担ったと振り返った。

事故を起こした米軍のパイロットとは、今も交友関係があるというジュンク氏。しかし「住民の不安を取り除くには、調査の透明性が欠かせない。信頼関係はその上に成り立っているものだ」と語った。

駐留の実像

1【治外法権】

※ドイツ「安全調査委員会」

NATOとは調査協力、日本では拒否

２０１１年４月６日、ドイツ西部にある米空軍シュパングダーレム基地が、ある声明を出した。その５日前に、同基地から20キロほど離れた街・ラウフェルトにある民間の原っぱで、米空軍のA10戦闘機が墜落した。声明は事故の原因究明のために「安全調査委員会」を立ち上げたことの発表だった。声明は調査委員会のメンバーには、他の米軍施設に所属する者だけでなく、受け入れ国であるドイツの空軍も含まれると強調した。そしてこう続けた。

「メンバーは異なる組織から構成する。これは利害の対立によって、客観的な証拠収集が阻害されるのを防ぐためだ」

米軍が受け入れ国の調査を排除する日本で指摘されてきた、「一方的な調査」の問題点を〝自覚〟するような内容だった。

調査委員会がその後に発表した報告書は、事故発生時の状況、過去一定期間の整備状況、フライ

トレコーダーの記録などに基づき原因を分析していた。

この安全調査委員会の設置は制度化されたものだ。直接的には北大西洋条約機構（NATO）加盟国の間で締結されている、標準化協定3531条に基づく。

NATO本部は琉球新報の取材に、同条項の詳細は「公表していない」としたが、同時に「航空機事故に関しては、事故を起こした当事国が調査を行うに当たり、その事故が発生した国と綿密に協力して行わなくてはならない」と強調した。

NATO条約に基づき、米軍に基地を提供するイタリアのランベルト・ディーニ元首相も、米伊の合同事故調査は「条約で確認されたものだ」と明言する。

実際の運用はどうなっているのか。

NATO加盟国であるイギリスの空軍が作成した「安全の手引き」によると、調査では「セキュリティーを侵害したり、特権と競合したりするもの以外は、できる限り情報を共有する」ことになっている。また事故の最終報告書は事故当時の状況、調査内容と分析、調査結果、再発防止のための提言を含むことになっている。

調査内容はあくまで事故原因の分析と再発防止が目的で、操縦士や乗員らの刑事責任を問う「証拠」としては採用されない。

一方、加盟国が刑事責任を問うための調査を希望すれば、安全調査委員会とは別個の調査を実施することになる。

ドイツ西部の小さな町ラウフェルトに墜落した米軍シュパングダーレム基地所属のA10戦闘機。米軍はこの時、NATOの取り決めに従ってドイツ側を交えた共同の「安全調査委員会」を立ち上げ、事故原因の究明をした＝2011年4月1日、ドイツ西部のラウフェルト（カール・ジュンク行政長提供）

冒頭の声明の主は、シュパングダーレム基地に駐留する第52戦闘航空団の安全責任者だ。声明はこうも述べている。

「調査チームにはドイツ空軍の代表者が加わっている。これによって両国の安全プログラムを改善し、両国の関係を拡大し、安全をはじめ、多様な面での協力が促進する」

２０１７年10月に沖縄の東村高江で起きた米軍ヘリ炎上事故では、米軍は沖縄県警の捜査を拒否しただけでなく、日本政府が現地に派遣した自衛隊にも、直接の事故調査を行うことを拒んだ。

■追跡取材　米軍基地の運用実態

沖縄県、伊・独で地位協定を調査

◎「不公平性」を相対化

沖縄県は２０１８年1月にも、基地対策課の職員を日本と同じく米軍が駐留するイタリアとドイツに派遣し、在欧米軍基地の運用実態を調査する。特に事件事故に関する他国と日本の対応事例を比較することで、日米地位協定の「不公平性」を相対化させ、沖縄県が求める日米地位協定の「抜本改定」に向けて全国世論の支持を広げたい考えだ。

２０１７年12月11日に開かれた県議会一般質問で、謝花喜一郎知事公室長（当時）が金城勉氏（公明）の質問に答えた。

謝花氏の答弁によると、主に基地の排他的管理権の問題を調査する予定という。

米国がイタリアやドイツと結んだ米軍駐留に関する2国間協定では、米軍の活動にもイタリアやドイツの国内法が適用される。またイタリアでは米軍基地の管理権をイタリア軍が持ち、イタリア軍司令官は米軍施設内に制限なく立ち入ることができる。ドイツでも連邦政府や地元自治体による米軍基地への立ち入り権が明記されている。

ＮＡＴＯ加盟国では米軍の航空機事故などが発生した際には、受け入れ国の軍隊が米軍と合同で調査委員会を立ち上げ、共同で調査を行う仕組みがある。

謝花氏はこの日の答弁で、次の３点を調査の柱とすると説明した。

①日米地位協定とＮＡＴＯ地位協定の条文

②関連する２国間協定

③具体的な事件事故の際の対応の違い

その上で「わが国の地位協定がいかに他国と比べて不利なのかをつまびらかにすることが重要だ」と説明した。また「法律の条文を比較列挙するだけでは難解になるし、国民にも分かりづらい。事例を比較することでわが国と他国の協定の差を明らかにできるのではないか」とした。

県によると、２０１７年12月６日付でイタリアやドイツの駐留関係協定の翻訳や事例研究をする、数社の民間会社と委託契約を結んだ。委託料は３８６万円を計上した。

翁長雄志知事は２０１７年９月、沖縄県の日米地位協定改定要求内容を17年ぶりに更新し、政府に実現を要請した。

駐留の実像

1【治外法権】

＊沖縄国際大学米軍ヘリ墜落事故

墜落現場は「基地外基地」に

沖縄国際大学の校舎ぎりぎりの低空を、米軍普天間飛行場所属の大型輸送ヘリコプターＣＨ53が、前傾姿勢で不自然に蛇行していた。

「落ちる」――グラウンドで練習中のハンドボール部員は直感し、散り散りに逃げた。

「ドーン」と火柱と煙が上がり、爆発音が何度も響いた。

２００４年8月13日午後2時15分ごろ、沖縄国際大学ヘリ墜落事故が発生した。墜落の衝撃で飛び散った大きなプロペラの破片が、親子が昼寝する民家の玄関で見つかるなど、大惨事は「目前」の出来事だった。

事故後、普天間飛行場の中からフェンスを乗り越えた米兵たちが沖縄国際大学に押し寄せた。そして突如、規制線を張り、周辺を「封鎖」したのだった。

現場には伊波洋一宜野湾市長（当時）、荒井正吾外務政務官（同）らが相次いで訪れたが、基地外

墜落現場を米軍に封鎖され、現場検証ができずに座り込む県警の捜査員ら＝2004年8月13日、宜野湾市の沖縄国際大学

にもかかわらず米軍に接近を「拒否」された。

米軍は規制線の内側にいた琉球朝日放送の記者らを発見すると、今度は建物内に閉じ込め、撮影したビデオテープを渡すまでは「ここから出さない」と主張するなど、現場は〝基地外基地〟の様相を呈した。

沖縄県警は航空危険行為等処罰法違反の疑いで捜査に乗り出し、米軍に現場検証を求めた。

だが米軍は警察も機体に近づけなかった。

そんな中、米兵が注文したピザを配達するバイクは、米軍の〝許可〟を得て現場に入った。

墜落から一夜明けた8月14日朝、県

警の石垣栄一捜査第一課長（当時）は、米軍キャンプ瑞慶覧を訪れ、米海兵隊の法務担当者と向き合い、捜査への同意を求めた。

米側が警察の捜査を拒んだ根拠は、日米地位協定17条10項に関する「合意議事録」だ。米軍の財産は「所在」を問わず、米軍の同意なき捜索と差し押さえを禁止している。さらに17条3項は、公務中の事件・事故は米側が一次裁判権を有すると定めている。

だが刑事特別法では、米軍の「同意」があれば米軍財産の差し押さえや捜索はできるとしている。激高した石垣氏は机をたたきながら米軍に条文を示し、現場検証への同意を求めた。だが米側担当者の応答は、「上司に伝える」とだけ。

「『なぜ警察が米軍に口を出すのか』という雰囲気を感じた」と石垣氏。

結局、米軍は県警に現場検証を認めぬまま、機体を撤去した。県警が初めて現場検証をしたのは、米軍が機体を持ち去り終えた事故6日後のことだった。

石垣氏は県警が現場検証に執着した背景について、こう説明する。

「米側に第一次裁判権があったとしても、日本の捜査権までが否定されているわけではない。日本には二次裁判権も残っている。たとえ公務中でも、故意で起こした事故かもしれない」

機体撤去を受け、県警は〝次の手〟も打った。

事故の6日後、県警は裁判所の許可を取り、米軍に「検証委託」する手続きを取った。これは高度な専門性などの事情が関係する事件で採用され、外部の専門家などに調査を委ねる手法だ。警察は必要な情報の提供を求め、報告を受けて刑事責任を判断する。民間の航空機事故や医療過誤などの事案で用いられている。

石垣氏は再びキャンプ瑞慶覧を訪ね、検証委託に同意を求めた。だが米軍はこれも拒んだ。

結局、県警が直接的な捜査を行うことはなく、米側が一方的にまとめた「報告書」が日本政府に提供された。

「あの後もこういう事態が続いている。仮に生命に関わる事故が起きたらどうするのか。同じように日本側は一切捜査できず、同じ手続きが行われると想像すると恐ろしい」

石垣氏は苦々しい表情を浮かべた。

墜落事故の公訴時効を迎える直前の07年8月、地位協定に捜査を阻まれたまま、県警は乗員の兵士ら4人を書類送検した。

当事者への聴取も最後まで米側の協力は得られず、被疑者はいずれも「氏名不詳」と刻まれた。

那覇地検は全員を不起訴とした。

駐留の実像

1【治外法権】

＊沖縄国際大学米軍ヘリ墜落事故

政府、異例の抗議も主権侵害を追認

２００４年８月13日の沖縄国際大学ヘリ墜落事故の翌14日、事故を受けて急きょ沖縄入りした荒井正吾外務政務官（当時）が記者会見し、米軍が基地の外にある沖縄国際大学の事故現場付近を封鎖した事態に対して、「主権」侵害に言及する異例の批判を繰り広げた。

「（現場は）日本の領土であり、米軍が主権を持っているような状況はおかしい」――外務省幹部である自身も、事故現場の立ち入りを米軍に拒否されていた。

荒井氏は会見で、この問題に関する「法的な扱い」を整理するため、米政府と事故を検証する在り方を早期に協議する意向を示した。だがこの協議の行方は結局、米軍が日本側当局による原因究明や捜査を排除し、主権を侵害する行為を〝公式〟に追認する合意を生み出すことになる。

事故を受けて05年４月に日米両政府が合意した、「日本国内における合衆国軍隊の使用する施設・区域外での合衆国軍用航空機事故に関するガイドライン」は、基地外で米軍機による事故が起きた

現場で取材するテレビの撮影記者を規制する米兵ら＝2004年8月13日、宜野湾市宜野湾

際に、日米両政府が取る手続きや役割を定めている。

その中では、事故現場付近に日本の警察が「内周規制線」と「外周規制線」を引き、それぞれ規制するとする。機体に近い内周線の中は、日米共同で人員が配置される。だがこの内周線の中に誰が立ち入るかは、日米の「同意」に基づくとされる。

つまり一見すると、事故の原因究明や現場検証も「日米共同」で行う枠組みだが、結局、米側の同意なしに日本政府は機体に近づけないということだ。

沖縄国際大学ヘリ墜落事故以前、国内では１９６８年の九州大学への米軍戦闘機墜落、77年の神奈川県での米軍偵察機墜落、88年の愛媛県での米軍ヘリ墜落などで、日本側が現場検証に当たった。

沖縄で起きた沖縄国際大学ヘリ事故では、日本側による機体の検証ができなかったことから、当時、「差別的な対応だ」と反発が上がった。

その結果、皮肉にも沖縄国際大学の事故で米軍が取った異例の対応を〝標準化〟する合意が交わされた。日本政府自身が指摘したはずの「主権」を巡る問題が、重大事故を機に後退する本末転倒な事態となった。

その後、米軍はこのガイドラインを盾に、２０１６年12月に名護市安部で起きたオスプレイ墜落、17年10月に東村高江で起きた米軍ヘリ炎上事故でも、日本側による事故原因の究明や、警察の捜査を拒んでいる。

日米地位協定によって、米軍が基地内の「排他的管理権」を持つことが、日本の主権を侵害しているとの批判が続いてきた。だが基地の外ですら米軍が日本政府や地元自治体の関係者の立ち入りを拒む状況が定着している。

日米地位協定に詳しい法政大学の明田川融教授は、「日米地位協定上の『排他的管理権』は、もはや基地外でも米軍が自由に設定できるような実態になっている」と指摘する。

そして「まるで『どこでも治外法権』だ」と、警鐘を鳴らす。

駐留の実像

1【治外法権】

＊高江米軍ヘリ炎上事故

米軍、法的根拠もなく土を一方的に搬出

「だぁ、あんなに持っていくわけ！　県の調査も全然できていないのに――」

牧草地から重機で掘り起こされた土が、5台もの米軍トラックで搬出される様子を見て、土地の所有者である西銘晃さん（64歳）はあぜんとしていた。搬出を止めるよう制止する沖縄防衛局職員の姿もある。日本側として土壌の汚染調査をする必要があるからだ。だが米軍は聞き入れず重機を動かし続け、現場の土を持ち去った。

２０１７年10月11日に東村高江で起きた米軍ヘリ炎上事故で、米軍は再び日米の「ガイドライン」に基づき事故現場を封鎖し、県警の捜査を拒否し、政府が派遣した自衛隊員による直接の事故調査も認めなかった。

それだけでなく防衛局や県による汚染調査のための土壌サンプル採取も拒んだ。

日米地位協定の合意議事録に基づくと米軍基地の内外を問わず、米側の同意なしに日本側が米軍

の財産を捜査、差し押さえすることはできない。事故機である大型輸送ヘリＣＨ53は、確かに米軍の財産だ。しかし、事故現場の土地は個人の財産だ。

日本政府の停止要求を無視して米軍が現場の土を持ち出した行為は、二国間合意に基づかない「超法規的措置」によって行われたのか、もしくは国民に明らかにされていない何らかの〝密約〟で認められているのか、そのどちらかとしか言いようがないものだった。

西銘さんにはこの前日、米軍から「汚染調査のサンプルとして土を持っていきたい」と説明があった。わずかな土の「採取」を想定し、日本側の汚染調査による「二重チェック」も適正に行われると思っていた西銘さんは、ごっそりと穴が開いた自らの土地を見て、言葉を失った。

大型トラックで事故現場の土を大量に運び出す米軍＝2017年10月20日、東村高江

米軍は土の持ち出しについて、台風が近づいていたため、さらなる汚染流出を防ぐためだったと説明する。だが防衛局や県による土のサンプル採取は長時間を要するものでもないし、政府機関である防衛局による「中断要請」を無視して、搬出を強行した法的根拠も明らかにされていない。

西銘さんの牧草地は、汚染された範囲の土を入れ替える形で補償を受ける予定だ。ただ仮に今後、事故による汚染の悪影響が出た場合、その「因果関係」を証明できるのか、西銘さんには不安がつきまとう。被害の証明には、適正な汚染調査が前提となるからだ。

政府は汚染土壌について、「米側が調査を行う旨の連絡を受けている。米側に情報提供を求め、結果は沖縄県にも提供する」（小野寺五典防衛相）予定だ。

一方、在日米軍は琉球新報の取材に、「土壌採取は汚染の範囲を決めるためであって、汚染物質そのものを調べるためではない」と回答した。米軍と日本側それぞれの調査による「クロスチェック」どころか、土を持ち去った米側では、汚染の詳細な調査すら行われない可能性も示唆した。

これに先立ち米軍は、事故による放射性物質ストロンチウム90の拡散については、問題なしとの認識を示した。だが航空機事故に伴い通常発生する鉛や油、ヒ素といった有毒物質による汚染は、詳細が一切明らかにされていない。

沖縄県や沖縄防衛局も独自の汚染調査のために、現場から必要な量の土を採取しようとしたが、結局米軍が最後までこれを拒否したまま土を持ち去り、立ち入り規制が完全に解かれた時には、米軍が掘り起こした穴だけが残っていた。

政府は汚染調査の内容をどう考えているのか。沖縄防衛局は琉球新報にこう回答した。

「日本側の制止を聞き入れず米側が土壌を搬出したため、十分な調査ができたとは言い難い」

ただその後も日米間で、「ガイドライン」をはじめ事故調査の手続きを改定する動きは見られない。

駐留の実像

1【治外法権】

＊ＭＶ22オスプレイ、名護市沿岸墜落

米が優先捜査、政府追従

２０１７年11月21日、第１９５回国会の論戦の口火を切る代表質問で、安倍晋三首相は１年近く前に発生した米軍機の事故について、日本側が原因究明に関与できていないと問いただされていた。「海上保安庁が所要の捜査を行っている。いずれにしてもご指摘はあたらない」——実態とかけ離れた安倍首相の強弁に対し、議場に怒号が飛び交った。

議論のマトになったのは、米軍普天間飛行場所属の米海兵隊輸送機ＭＶ22オスプレイが２０１６年12月13日夜、名護市安部《あぶ》の海岸に墜落した事故についてだ。

海岸での事故だったため、第11管区海上保安本部が捜査に着手し、航空危険行為処罰法違反容疑での立件を目指した。11管はすぐに米側に捜査協力を依頼した。

素早い対応には、日本の捜査機関が辛酸をなめさせられた教訓がある。

04年の米軍ヘリ沖縄国際大学墜落事故では、「米軍財産」の捜索や差し押さえに「米軍の同意が

名護市安部で墜落したオスプレイの残骸を前に写真を撮る米兵ら。一部は笑顔を浮かべ、記念撮影のようにも見える。現場の規制線外では稲嶺進名護市長や県の職員も現場確認のための接近を拒まれ、日本政府による事故調査もできなかった＝2016年12月17日、名護市安部

必要」とした日米地位協定17条の付属事項に阻まれた。現場検証は事故機の撤去後にしかできず、米軍は米兵の氏名も明かさず、県警は被疑者不詳のまま書類送検する事態となり、不起訴となった。

だが、11管の捜査協力要請を米軍は無視し続けた。機体は検証する前に米軍が持ち去り、指一本触れられなかった。米軍ヘリ沖縄国際大学墜落事故を受けて、基地外での米軍機事故に関するガイドラインが策定されたが、オスプレイ事故でも民間地にもかかわらず結局は米軍が優先的に事故調査を実施した。

現場に駆け付けた地元の稲嶺進名護市長（当時）は、近寄ることもできなかった。その一方で、オスプレイの残骸の前では米兵が笑顔で写真撮影する様子が確認されるなど、傍若無人な米兵の姿を見せつけた。

海上保安庁が事故の資料とするのは、２０１７年9月に提供された事故調査報告書だ。それ以外は事故現場上空から撮影した写真などに限られる。しかも調査報告書は日米合意で公表することが決まっているもので、米軍が11管の捜査に協力しているとは言い難い。

米軍が公表した２１８ページの事故調査報告書には事故発生前後の経緯の記載はあるが、意見や提言などは全て黒塗りにされている。証拠となり得るはずの事故に関する面談や証言記録など３００ページ超の資料は、米国の関係法令で非公開にされている。

オスプレイの事故について11管は本紙の取材に対し、「所要の捜査を実施している。（事故調査報告書の中身も確認している」などとして、現在も「捜査中」だとしている。

ただ、米軍財産の捜索や差し押さえはままならず証拠は乏しい。

墜落現場は住宅地まで８００メートルの距離で、一歩間違えば県民に被害が及んでいたが、11管が書類送検しても不起訴となる可能性もある。

17年11月30日、全国知事会に設置された米軍基地負担に関する研究会で、政府による地位協定の概要説明が行われた。そこで外務省の入谷貴之日米地位協定室長はオスプレイ事故などを念頭に、「いろいろあるが順調に運用されている」と紹介した。出席していた翁長雄志知事は、「地位協定の前線にいる沖縄県からするときれい事で合点がいかない」と反論した。

主体的な捜査ができないにもかかわらず、異を唱えず米国に追従する政府、対照的にないがしろにされ続けている沖縄県民との間の、認識の溝を如実に示した。

駐留の実像

[1]【治外法権】

＊公務外犯罪　不起訴密約

米「日本は誠実に実施」

「駐留米軍要員の犯罪／裁判権は日本側に」「これまでの不平等な属人主義がＮＡＴＯ方式並みに属地主義に改められることになった」――国内では一斉に好意的な報道が広がった。

１９５３年９月29日に、岡崎勝男外相、犬養健法相、アリソン駐日米大使（いずれも当時）が、日米地位協定の前身である日米行政協定の、刑事裁判権条項の改定に調印したことを受けてのものだった。「改定」は米側が裁判権を持っていた在日米軍関係者の公務外犯罪について、日本に裁判権を委譲する内容だった。

発効したのは翌10月の29日だった。だがその前日、非公開で開かれた日米合同委員会の場で、日本側は人知れずある〝宣誓〟をしていた。

53年10月28日、日米合同委員会の裁判権小委員会刑事部会で、日本側代表として出席した法務省刑事局の津田実総務課長が、今後の米軍関係者の犯罪に対する日本政府の対応方針をこう表明した。

「日本にとって著しく重要と考えられる事件以外、一次裁判権を行使するつもりはない」見解はつまり、名目上は日本側は米軍犯罪に対する一次裁判権を持っても、実際の運用では「著しく重要」な案件以外は刑事責任を問わず、〝無罪放免〟とすることを意味する。この見解は日米間で「非公開の議事録」という形で確認され、その後「不起訴密約」と呼ばれ、今に至るまで脈々と受け継がれる。

琉球新報のまとめによると、２００７〜16年の10年間に国内で発生した米軍関係者による一般刑法犯（自動車による過失致死傷を除く）に対する起訴率は17・50％で、同期間の日本人を含めた国内全体の平均起訴率41・17％の、半分以下の水準にとどまる。密約から60年以上がたってもなお、その〝効力〟が続く。

72年3月に法務省が、「秘」扱いで作成した内部通達「合衆国軍隊構成員等に対する刑事裁判権実務資料」は、米軍関係者の公務外犯罪に関する検察の扱いをこう記録している。

「実質的にみて、わが国において起訴を必要とする程度に重要であるとは認められない事件については、第一次裁判権を行使しないこととする運用がなされてきた」

そしてこう続ける。「このような態度は

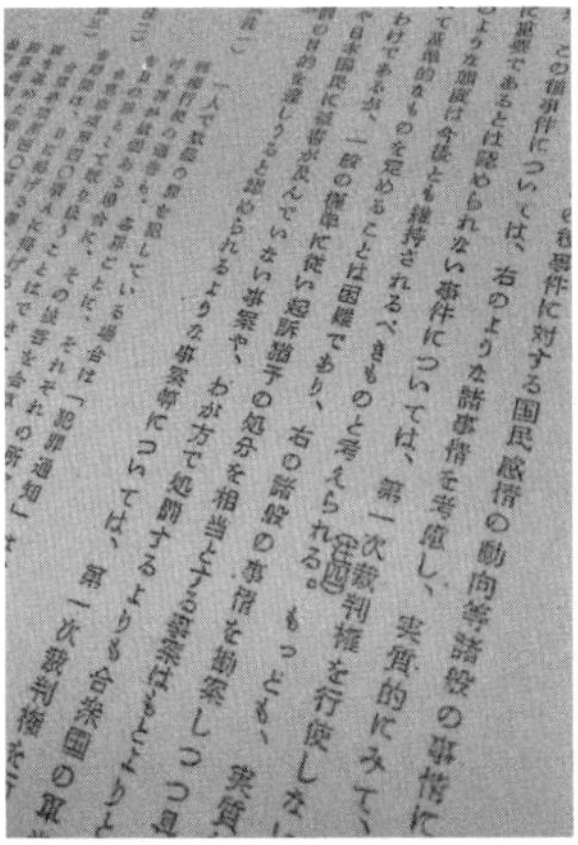

米軍犯罪を巡る「不起訴密約」を受けた法務省刑事局の72年内部資料。日本にとって特別な重要性のある事件以外は一次裁判権を行使しないという運用を通達している

今後とも維持されるべきものと考える」

法務省はこの「実務資料」の存在が明るみに出た08年、同通達が保管されていた国会図書館に、「米国との信頼関係に支障を及ぼす恐れがある」などとして、閲覧禁止扱いとすることを要請した。国会図書館は要請に従いこの文書を閲覧不可とし、図書館の目録からも削除する事態も起きた（ジャーナリストによる提訴を経て、10年に閲覧再開）。

この不起訴密約の存在は米公文書などで明らかになっていた。だがその「原本」と言える53年10月28日の日米合同委員会の非公式議事録は、08年に日米史家の新原昭治氏が米国立公文書館で発見した。その後11年に、外務省はこの密約に関連する文書を公表した。だが同時に、これは政府間の合意に基づく「密約」ではなく、一次裁判権を行使するかどうかは、あくまで日本側が独自に判断しているという、見解を示す声明を発表する。

だが在日米軍の現職法務担当者を含め、米側からは一次裁判権の不行使は「合意」だとの証言が相次いできた。

リチャード・フィン米国務省元日本部長は、著書『マッカーサーと吉田茂』（93年発行）の中で、冒頭の刑事裁判権条項の改定交渉をこう振り返っている。

「日本にとって『特別な重要性』を有する場合を除き、日本は刑事事件の一次裁判権を放棄するという非公式な合意が得られたことで、論争のトーンはかなり穏やかなものになった」

そして「以後ほぼ40年にわたって、日本はこの取り決めを誠実に実施している」と続けた。

■追跡取材　不起訴密約

米軍犯罪起訴18%　国内起訴率の半分以下

◎1953年の「不起訴密約」が影響

2007年から2016年の10年間に、日本国内で発生した米軍関係者（米兵、軍属、それらの家族）による一般刑法犯（自動車による過失致死傷を除く）に対する平均起訴率は17・5%で、同期間の日本人を含めた国内全体の平均起訴率41・17%の、半分以下の水準だったことが分かった。琉球新報が情報公開請求で得た法務省資料や法務省公表の統計などをまとめた。

米軍関係者による犯罪は、1953年に日米両政府が「日本にとって著しく重要と認める事件以外は（日本側の）第一次裁判権を行使しない」という密約を交わしていたことが判明している。それから60年以上を経た現在も「不起訴密約」の効力が続き、多くの米軍犯罪で刑事責任が問われずに処理されている実態が改めて浮き彫りになった。

また07年から16年の10年間で検察は、米軍関係者に対する「強姦罪」の起訴・不起訴を33件決定した。起訴したのはそのうち1件で、この期間の起訴率は3％だった。日本人を含む国内全体の強姦罪に関する10年間（直近で公表されている05年から14年）の平均起訴率、46・92％を大きく下回った。

法務省がとりまとめている「合衆国軍隊構成員等犯罪事件人員調」や、同省が毎年公表する「犯罪白書」、17年11月17日に閣議で報告された「犯罪白書」の2017年版数値などを基に算出した。

それによると、07年から16年の米軍関係者に対する「強姦致死傷罪」の起訴率は30％だ。不起訴7件、起訴3件だった。「強盗罪」の起訴率は23％で、不起訴が10件、起訴は3件となっている。

一方、「強盗致死傷罪」の07年から16年の起訴率は77％と高く、起訴10件、不起訴3件だ。同期間の殺人罪の米軍関係者起訴率も75％と高く、起訴3件、不起訴は1件だった。

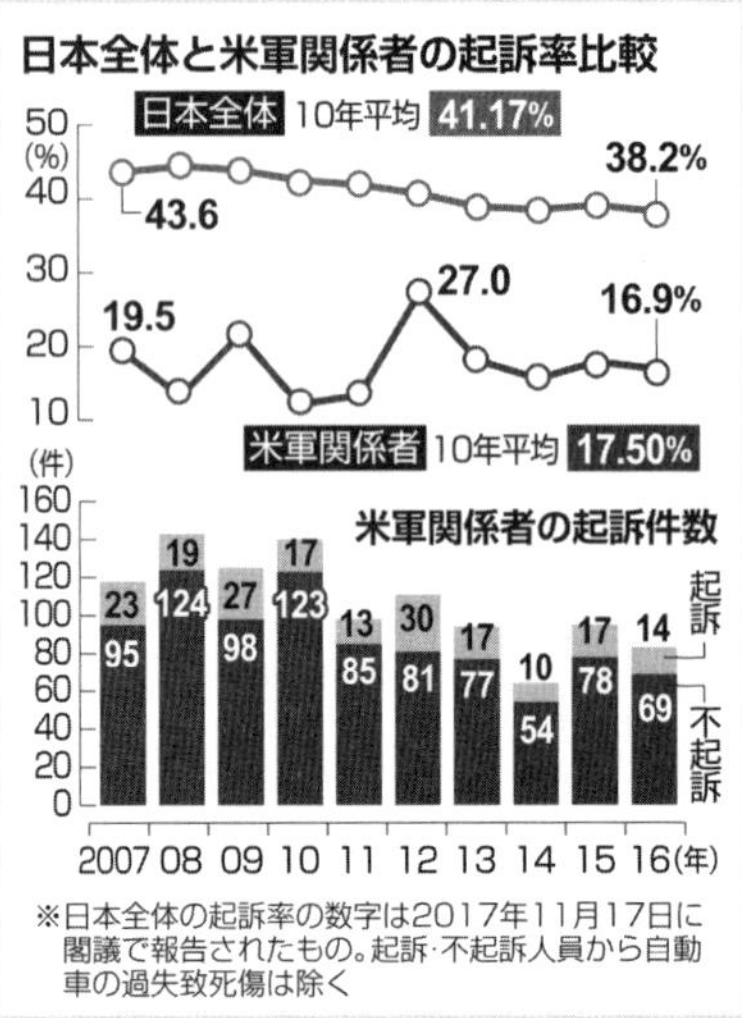

※日本全体の起訴率の数字は2017年11月17日に閣議で報告されたもの。起訴･不起訴人員から自動車の過失致死傷は除く

「不起訴密約」は、1953年10月28日の日米合同委員会裁判権分科委員会刑事部会で確認されたものである。

2008年に、その「議事録」などの存在が明らかになっている。

駐留の実像

1【治外法権】

※米軍関係容疑者の起訴前の身柄引き渡し

「好意的な考慮」在韓米軍と差

米陸軍トリイ通信施設のゲート前。デモ行進の村民らが険しい表情で見守る中、同基地のバリー・スティーブンズ法務部長に対し、安田慶造読谷村長（当時）が直前に開かれた村民大会の決議文を手渡した。

「これが村民全員の思いだ」

無言を貫くスティーブンズ氏。フェンスの向こうには、1カ月以上前に村内で発生したひき逃げ死亡事件の容疑者である2等軍曹がいる。事件は２００９年11月7日の早朝、まだ暗い時間に発生し、飲酒運転の可能性も指摘されていた。

事件2日後に、修理工場に持ち込まれたYナンバー車両を沖縄県警が押収し、2等軍曹が容疑者として浮上した。だが2等軍曹は、11月11日に県警の任意の事情聴取に応じて以降、出頭を拒否し、県警が容疑者と断定した後も捜査は行き詰まっていた。

米陸軍兵によるひき逃げ事件を受けた村民大会の後、トリイ通信施設のバリー・スティーブンズ法務部長（左）に決議文を手渡す安田慶造読谷村長＝2009年12月、読谷村のトリイ通信施設前

日米地位協定は米軍関係者の犯罪について、起訴前の場合は米軍側が容疑者の身柄を日本の警察に引き渡さなくてもいいと定めている。これが捜査の妨げになり、立証の困難さを招いていると指摘されてきた。

実際、03年に宜野湾市で起きた強盗致傷事件では、米軍が3人の米海兵隊員の身柄を確保し、基地内で禁足状態に置いたが、互いを隔離する形の拘束ではなく、3人は会合も開いていた。結局、うち1人は不起訴となり罪を問われず、検察が裁判で「容疑者らは基地内で会い、口裏合わせをした」と批判した。

起訴前の身柄引き渡し問題を巡っては、1995年の米兵による少女乱暴事件を受けた日米合同委員会で、地位協定の「運用改善」が合意された。その内容について外務省は、「日米地位協定Q＆A」で「殺人、強姦《ごうかん》などの凶悪な犯罪で日本政府が重大な関心を有するものについては、起訴前の引き渡しを行う途《みち》が開かれている」としている。

一方、この合意の原文を見ると、起訴前の身柄引き渡しで米側が「好意的な考慮」を払う罪種は、「殺人、強姦などの凶悪な犯罪」ではなく、正確には「殺人、強姦という凶悪な犯罪（heinous crimes of murder or rape）」と限定的に明記されている。

このほかにも日本側が「考慮されるべきと信ずる特定の場合」は、日本が身柄引き渡しを求めることができるとしているが、その場合、米側は「好意的な考慮」を払うとはされず、「十分に考慮する」と、異なる表現を用いている。

起訴前の身柄引き渡しに米側が応じるべき罪種や、「好意的な考慮を払う」と「十分に考慮する」の違いについて、琉球新報は在日米軍に重ねて質問したが、

米軍が韓国政府に対して起訴前の身柄引き渡しで「好意的考慮」を払うこととされている罪種（2001年1月18日改正の米韓地位協定）

1. ①殺人②強姦（準強姦および13歳未満の者との姦淫を含む）③営利誘拐④違法薬物の取引⑤販売目的のための違法薬物の製造⑥放火⑦凶器使用強盗⑧前項の犯罪の未遂⑨傷害致死⑩飲酒運転による死亡事故⑪死亡事故を起こした後の現場からの逃走⑫上記の犯罪のうち一またはそれ以上の被包含犯罪
2. 合衆国の軍当局は、特定の事件における韓国当局の身柄引き渡し要請に対し、好意的な考慮を行うものとする

「刑事裁判手続きに係る日米合同委員会合意」

（1995年10月25日）

1. 合衆国は、殺人または強姦という凶悪な犯罪の特定の場合に日本国が行うことがある被疑者の起訴前の拘禁の移転についてのいかなる要請に対しても好意的な考慮を払う。合衆国は、日本国が考慮されるべきと信ずるその他の特定の場合について同国が合同委員会において提示することがある特別の見解を十分に考慮する
2. 日本国は、同国が1にいう特定の場合に重大な関心を有するときは、拘禁の移転についての要請を合同委員会において提起する

在日米軍の回答はない。

一方、この95年の合意後も、強姦未遂事件で日本側の身柄の引き渡し要請を米軍が理由も示さずに拒否したり、連続放火事件で警察の逮捕同意請求が拒否されたりした。強盗などの凶悪犯罪であっても米側の拒否に遭うことを懸念した日本側が、そもそも起訴前の身柄引き渡し要求を控えるなどの事例が相次いでいる。

95年の「運用改善」を経ても、殺人と強姦の2種にしか米側の「好意的な考慮」が明記されていない中、韓国では2001年に韓米地位協定が改定された。

この改定では殺人や強姦のほかにも凶器使用強盗、放火といった凶悪犯罪やこれらの未遂、また飲酒運転による死亡事故、死亡事故を起こした後の現場からの逃走など、計12種を起訴前の身柄引き渡しの対象とした。それ以外にも特定の事件で韓国政府が身柄引き渡しを要請すれば、米側は「好意的な考慮」を払うとしている。

先の「Q&A」で外務省は、日米地位協定についてこう説明し、改定交渉の必要性を暗に否定している。

「他の地位協定の規定と比べても、NATO地位協定と並んで受け入れ国にとっていちばん有利なものになっている」

駐留の実像

1【治外法権】

＊地位協定上の特権温存

軍属定義　NATOは厳格

2016年4月28日午後10時ごろ、元米海兵隊員で米軍属の男が、乱暴目的でうるま市内の路上で、20歳の女性の頭部を打撃棒で殴った上で殺害した。

容疑者が逮捕されたわずか5日後の16年5月25日、三重県で開かれた日米首脳会談でオバマ米大統領（当時）は、事件への「お悔やみと遺憾の意」を表したが、その後の記者会見では「地位協定があるからといって、しかるべき訴追が妨げられているわけではない」と述べた。

この2日前には翁長雄志知事が抗議の場で安倍晋三首相に日米地位協定の「抜本改定」を迫ったが、首相も改定に消極的な姿勢を示していた。

その後に日米間で合意されたのは地位協定本体の改定ではなく、地位協定を「補足」する協定の締結だった。日米地位協定を適用して〝特権〟を認める米軍属の範囲を見直す内容だ。

ケネディ駐日米大使（当時）との補足協定署名式に臨んだ岸田文雄外相（同）は、「これまでの『運用改善』とは一線を画する」と述べ、補足協定の意義を強調した。

だが肝心の中身には沖縄県内から不満が渦巻いた。日米地位協定が適用される沖縄の米軍関係者は約5万人、うち軍属は4％弱の2千人程度だ。

補足協定はその2千人のさらに一部を「軍属」の定義から外し、地位協定を適用しないという内容だ。つまり約5万人の大部分は、なお地位協定で「特権」が保障される。この見直しで地位協定の適用が外れる軍属が何人いるのか、具体的な数も明らかにされていない。

「県が求めているのは地位協定の抜本改正で、対象は基本的に全ての米軍関係者だ。米軍関係者の『一部の一部』を除外しても、事件事故の問題は解決しない。尻尾切りではないのか」（県幹部）

県庁内では締結直後から、冷めた見方が広がっていた。

実際、これまでに発生した米軍関係者による事件事故は、多くが軍属ではなく「軍人」によるものだ。その軍人に関する「身柄引き渡し問題」や、「不起訴密約」による一次裁判権の放棄といった問題が指摘され続けてきたが、「軍属補足協定」はこれらの問題を温存した。

一方、事件を受けて日米が合意した軍属の範囲見直しに関しても、他国の地位協定と比較して不十分だと指摘されている。

補足協定は軍属の範囲を「再定義」したが、この中では米政府が直接は雇用していない「請負業者（コントラクター）」も、引き続き軍属として扱うこととした。その上で、高度な技能を持つといった条件に合致しない請負業者は、軍属から外れる仕組みだ。

だがＮＡＴＯ地位協定では「軍属」の定義について、米政府が直接雇用する者に限定し、請負業者は最初から除外している。

外務省が１９７３年に作成したマニュアル『日米地位協定の考え方』でも、ＮＡＴＯ協定による軍属の範囲は、「日米地位協定よりも相当狭くなっている」との認識を吐露している。

２０１４年にアフガニスタンと米国が締結した地位協定も同様に、請負業者は地位協定の対象から除外している。政府の直接雇用でない限り、米政府の監督権が及ばないのが実態で、「責任」の所在なしに特権は認めないという理由からだ。

軍属の範囲見直しについて外務省関係者は、補足協定の交渉の段階から、「民間人にも軍事機密を扱う人はいる。施設の建設や設計に関わる民間企業も保安などに関係することもある」などと述べ、請負業者の〝完全除外〟は困難だとの認識を示していた。

しかし地位協定の国際比較に詳しい伊勢崎賢治東京外語大教授は、「仮に高度な技術や機密を理由に米側がどうしても地位協定で守る必要があるのであれば、そのような人間は米政府が自らの責任で雇用すればいいだけだ。日本側が配慮する必要はない」と語り、さらに「米国がよそでは認めていることまで日本が自ら譲歩してしまう精神構造こそが、地位協定問題が抱える根幹的な病だ」と指摘した。

駐留の実像

2【主権及ばぬ空】

＊イタリア「モデル実務取り決め」

爆音なき夜

❂米軍が配慮、飛行せず

２０１７年10月上旬、北イタリアにある米空軍アビアノ基地は、午後7時すぎには静まりかえっていた。

明るいうちは周辺を戦闘機や輸送機が飛び交っていたが、夕刻になると滑走路は閑散とし、Ｆ16戦闘機をしまった格納庫の明かりが人目を引く。東アルプス山脈の麓に広がるブドウ畑などに囲まれた基地から4キロ弱離れたアビアノの街に、軍用機の音が響くことはなく、人々がレストランで食事を楽しんだり、買い物袋を手に歩いたりしている。

イタリアにおける米軍駐留の条件を定めた主な協定の中に「モデル実務取り決め」がある。ＮＡＴＯ地位協定と併せ、日本での米軍駐留の条件を定めた「日米地位協定」に相当するものと位置付けられる。

この「モデル実務取り決め」は米軍の活動にイタリアの国内法を適用し、さらにイタリア軍が米軍基地の管理権を有すると定める。全ての重要な作戦や訓練は事前にイタリアに計画を報告し、承認を得る必要がある。

イタリア空軍の規則によると、軍用機の通常訓練は、月曜から金曜の午前7時から午後11時に行うように指定されている。だがアビアノ基地に駐留する米空軍が出した滑走路の運用指示書には、〝法規制以上〟の配慮が見られる。

アビアノ基地では通常の飛行訓練を行う時間は、実際の法規制よりも前後に1時間ずつ短い、午前8時から午後10時までと設定している。特例的にこの時間を超えて離着陸をする場合には、イタリア軍の許可を得る必要がある。

北イタリア・アビアノ米空軍基地の付近を飛行する米軍機＝2017年10月4日朝

さらにイタリアの「昼寝」の慣習に配慮して、午後1時から午後3時半までは飛行を〝自粛〟する。地元フリウリ＝ヴェネツィア・ジュリア州やアビアノ市との「合意」に基づく。イタリアでは騒音公害対策法などに基づき、飛行場などの周辺自治体は独自に騒音規制を設けることができる。また軍用飛行場の司令官は、訓練飛行の時刻を地元自治体と協議しなくてはならないからだ。

基地を管理するイタリア空軍のトップを務めたレオナルド・トリカルコ氏によると、イタリアでは米軍の訓練飛行は「大抵はオフィスアワー（朝から夕刻）で終わる」のが実情だという。

さらにトリカルコ氏は、「深夜・早朝の飛行のほとんどは特殊事情のある緊急事態だ。まれに訓練で飛行する場合もあるが、迷惑にならず、地元の了解を得ることが前提だ。この国では米軍基地の騒音が大きな問題になったことはない」と言い切った。

◎基地管理責任はイタリア　外来機飛来時に運用規制も

アビアノ基地で、米軍が周辺地域への騒音に配慮した飛行運用をしているのには、背景がある。基地を管理するイタリア空軍の広報担当者は、「モデル実務取り決め」などの米伊二国間協定を挙げ、「米軍基地にも全てイタリアの主権が及ぶ。つまり基地もイタリアの領土であり、イタリアの法規制を適用するということだ」と説明する。

そして「イタリア司令官は基地の運用に必要な活動に責任を負い、地元当局との関係維持も担う」と強調する。さらに「この『関係維持』には（基地に駐留する）米空軍第31戦闘航空団に関することも含んでいる」と加えた。

米軍基地に及ぶイタリア軍司令官の「管理権」の範囲は広い。施設の防衛、空域調整、広報活動、式典の運営、環境保全などを「責任者」として担っている。その管理権を持つイタリア軍に対し、米軍は全ての飛行計画を前日までに提出し、許可を得なければならない。結局のところ、管理者であるイタリア軍の責任となり、「地元当局との関係維持」を無視した運用を続けるのは不可能なのだ。

同じく米空軍が運用する嘉手納基地では深夜・早朝の飛行問題だけでなく、外来機の飛来問題も深刻化している。２０１７年11月からはステルス戦闘機Ｆ35が暫定配備され、騒音が急増している。この17年11月に嘉手納町へと寄せられた騒音苦情件数は３２２件に上り、この単月だけで４～10月の総計１７１件を大幅に上回る事態となった。

だが日米地位協定では日本側に米軍基地の管理権はなく、逆に「排他的管理権」を持つ米側の運用を日本側が規制する手段はない。

だが一方、米空軍がイタリアのアビアノ基地で出している滑走路運用指示書は、外来機が飛来した場合にはその他常駐機などの運用を４段階に分けて制限し、「騒音レベルの増大に規制をかける」と明記している。

その規制で最も厳しい内容は、全ての航空機の離着陸やエンジン稼働を停止する対応を含む。その他には

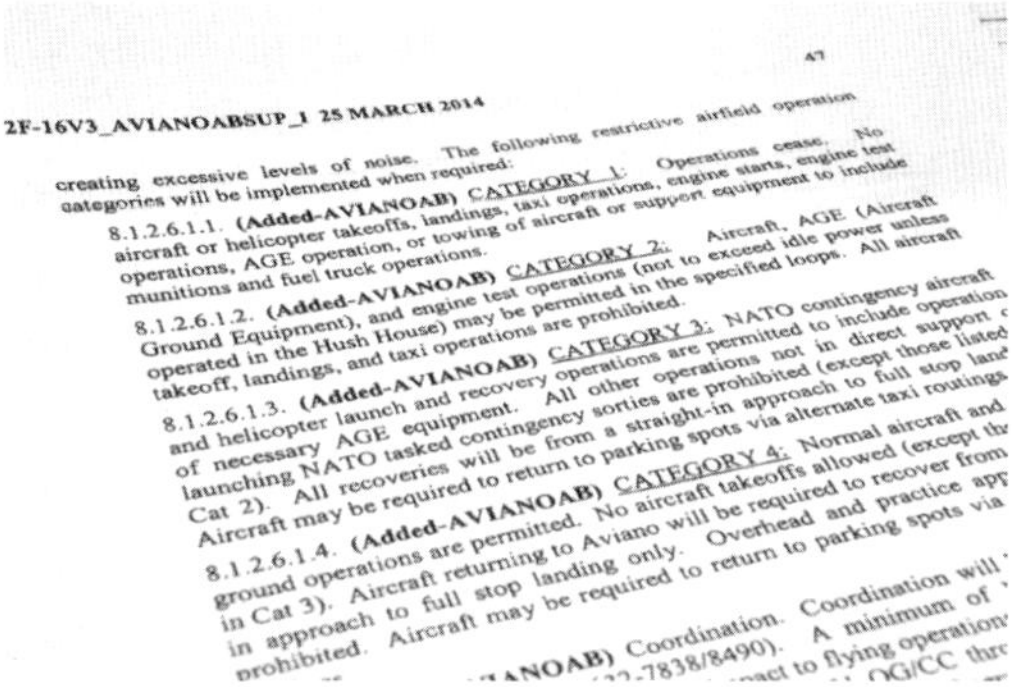
47
2F-16V3_AVIANOABSUP_1 25 MARCH 2014
creating excessive levels of noise. The following restrictive airfield operation categories will be implemented when required:
8.1.2.6.1.1. (Added-AVIANOAB) CATEGORY 1: Operations cease. No aircraft or helicopter takeoffs, landings, taxi operations, engine starts, engine test operations, AGE operation, or towing of aircraft or support equipment to include munitions and fuel truck operations.
8.1.2.6.1.2. (Added-AVIANOAB) CATEGORY 2: Aircraft, AGE (Aircraft Ground Equipment), and engine test operations (not to exceed idle power unless operated in the Hush House) may be permitted in the specified loops. All aircraft takeoff, landings, and taxi operations are prohibited.
8.1.2.6.1.3. (Added-AVIANOAB) CATEGORY 3: NATO contingency aircraft and helicopter launch and recovery operations are permitted to include operation of necessary AGE equipment. All other operations not in direct support launching NATO tasked contingency sorties are prohibited (except those listed Cat 2). All recoveries will be from a straight-in approach to full stop land Aircraft may be required to return to parking spots via alternate taxi routings
8.1.2.6.1.4. (Added-AVIANOAB) CATEGORY 4: Normal aircraft and ground operations are permitted. No aircraft takeoffs allowed (except th in Cat 3). Aircraft returning to Aviano will be required to recover from in approach to full stop landing only. Overhead and practice app prohibited. Aircraft may be required to return to parking spots via

アビアノ空軍基地の滑走路運用指示書。外来機が飛来した際に騒音が増大するのを防ぐため、滑走路の使用を必要に応じて４段階で規制する措置を取るとしている。最も厳しい規制では、全ての離着陸が停止になっている

夕暮れの午後７時すぎ、滑走路の上に米軍機はなく、格納庫の明かりがともるアビアノ米空軍基地＝北イタリアの同基地

「エンジン調整のみを認め、離着陸は禁止」、「ＮＡＴＯ航空機の緊急対応のみ離着陸を許可」など、詳細で明確な内容になっている。

また遺跡や観光地、市街地などがある場所は、低空攻撃訓練の「模擬標的」にしてはならないとも騒音対策で定めている。そのため戦闘機が低空でこれらの地域に近づくこともない。

とはいえ米伊両政府は、イタリア側が米軍の運用を厳しく管理する枠組みに「例外」規定を設け、飛行計画の承認手続きなどの規制を緩和する対応も認めている。それは「有事」の際だ。実際、過去には民間機の運航を米軍が制限したことや、深夜・早朝の飛行が相次いだこともあった。

これについてランベルト・ディーニ元首相はこう解説する。

「ただ、過去にその例外的な対応をイタリア政府が認めたのは、コソボ紛争でアビアノ基地の戦闘機がＮＡＴＯの任務で出撃していた時だけだ」

駐留の実像

2【主権及ばぬ空】

＊地元自治体も加わるイタリア「地域委員会」

有名無実の沖縄「三者協（米軍、政府、県）」

地元自治体との合意に基づき、慣習である「昼寝時間」にまで配慮し、米軍が訓練飛行を厳しく自制しているイタリアだ。それは単に米軍の部隊司令官の裁量によるものではなく、元をたどれば協定に裏付けられた対応だ。

イタリアにおける米軍の駐留条件を定めた2国間協定「モデル実務取り決め」は、基地の管理権を受け入れ国であるイタリア軍が持ち、飛行訓練はイタリアの許可の下、地元の法規制を順守することを義務付けている。さらにこの協定の特色は、19条に「地域委員会」の設置を定めている点にある。

日本で米軍の駐留の条件を定める日米地位協定は、その運用を協議する機関として、米軍高官と日本政府の官僚をメンバーとする「日米合同委員会」を設けている。

イタリアでも同様の趣旨の「合同軍事委員会」が設置されるが、この他にも「地域委員会」を設置できる。イタリア軍と米軍だけでなく、基地のある自治体もメンバーとして加わる協議機関だ。

モデル実務取り決めは、イタリア軍と米軍の基地司令官は、「地元自治体から寄せられる問題、異議申し立て、支援要請を受けて、いかなる問題も地域レベルで解決するよう共同で努力する」と規定している。

またアビアノ基地には米軍とイタリア軍の「合同事務所」が常設され、日々の訓練計画がイタリアの法令などに適合しているかを確認している。同基地によると、基地の運用を巡り摩擦が生じた場合、問題を「できる限り低いレベルで解決する」こととし、必要に応じて地域委員会を開催する。現地レベルでの解決ができない場合に、初めて政府の上級レベルに協議を委ねる段取りになっている。

このようにイタリアでは、地元から寄せられた「いかなる問題も」現地レベルで公式に協議し、さらに「できる限り低いレベル」で解決するとしているが、その〝真逆〟の事例が沖縄にある。

西銘県政下の1979年、米軍と政府、県で構成する「三者連絡協議会（三者協）」が設置された。沖縄県はこの組織で、米軍の騒音や訓練による事故対策などを議論する狙いがあった。

だが米側は三者協の議題は「現地レベルで解決できるものに限る」との規約を盾に、これら「基地問題」を具体的に協議することを相次いで拒んだ。騒音問題などでも具体的な手法は協議せず、米軍の「努力」を確認するといった一般的な内容に終わった。

その代わり、火事が起きた際の協力体制や米軍との文化交流、英語教育など、米軍の運用に直接

三者連絡協議会を終えて記者会見する稲嶺恵一知事（左から２人目）やグレグソン在沖米四軍調整官（同３人目）。稲嶺知事は米軍の射撃訓練の規制を提案したが米軍がこれを議題とすることを拒み、稲嶺知事は会見でぶぜんとした表情を浮かべた＝2003年5月、米軍キャンプ瑞慶覧

影響しない議題ばかりが目立った。

さらに三者協は西銘県政下では14回開催されたが、基地問題で厳しい態度を示す大田県政下ではわずか2回しか開かれず、政治的側面からの恣意《しい》的運用も目立った。

２００３年5月、キャンプ瑞慶覧で開かれた第24回三者協を前に、県はキャンプ・シュワブの射撃演習場レンジ10の、M2重機関銃による実弾射撃訓練の廃止を議題とすることを求めた。前年の02年にこの訓練による被弾事故が起きたが、原因を解明できないまま、米軍が訓練再開を強行したことを受けてのものだった。

だが米軍は具体的な根拠を示さず、「現地レベルを超える」などとして三者協の議題にすることすら拒否した。

それでも稲嶺恵一知事（当時）は、三者協の冒頭あいさつで演習廃止を求めたが、米側はなお議題とせずに切り捨てた。三者協の終了後、グレグソン在沖米四軍調整官（同）と並んで記者会見した稲嶺氏は、ぶぜんとした表情を浮かべていた。

これ以降、三者協が開かれることはなく、米軍も三者協は「解散した」との認識を示している。

沖縄県で基地行政に長く携わった町田優元知事公室長は、三者協の経緯をこう振り返る。

「県としてはまさに重要課題である基地問題を議論したかった。だが結局、重要な部分は米軍が議論をはじき、組織が有名無実化した。結局、何のために開催しているのか意義を見いだせず、自然消滅した」

駐留の実像

②【主権及ばぬ空】

※ドイツの航空機騒音

米軍が自治体との協議会

「ほら。話を始めて45分たつけど、1回も飛行機の音は聞こえなかったでしょ」

米空軍が欧州最大の輸送拠点とする、ドイツのラムシュタイン基地に隣接するラムシュタイン＝ミューゼンバッハ市のマーカス・クライン副市長は、同基地に所属する米軍機の飛行ルートを説明した後、市庁舎の外を眺めて笑った。

クライン氏が地図を指でなぞりながら説明する、ラムシュタイン所属機の飛行手順の一例はこうだ。米軍機は市街地の上空を避けて飛行場の南にある高速道路に沿って滑走路に接近し、滑走路を通り過ぎた後に市街地のない場所で旋回して着陸態勢に入る。滑走路改修が必要な夏の数カ月を除き、この飛行ができるよう南側の滑走路が主に使われている。

「これは基地と地元で合意した飛行パターンだ。基地と周辺自治体は、定期的に直接協議する場を持っている。メンバーは基地の司令官や各コミュニティーの代表者、互いに最高レベルで協議し

パソコン上の地図を表示しながら、米空軍ラムシュタイン基地所属機の飛行ルールを説明するラムシュタイン＝ミューゼンバッハ市のマーカス・クライン副市長＝2017年10月、ドイツ

ている」

１９９３年に米独両政府は、ドイツ国内における米軍の駐留条件を定めたボン補足協定を改定した。改定の大きなポイントは、米軍の訓練や環境対策にドイツの国内法を適用することだった。ドイツの航空法は飛行場の運営者に対し、年に１回以上は周辺自治体と騒音問題を協議する機関の設置を求めている。

一方、ラムシュタイン基地によると、軍用滑走路にはこの適用は免除されるが、同基地は「法の趣旨を尊重」し、騒音軽減委員会を設置している。米軍への国内法の適用が、間接的な形でも米軍の振る舞いに影響を与えている形だ。

委員会の開催頻度は基地司令官が決める。前任の司令官は半年に１回、現在の司令官は年に1回開催している。司令官の他に、同基地に常駐する第86輸送航空団の責任者、周辺自治体の代表者、環境や航空機騒音の専門家らがその他のメンバーとなっている。

騒音問題については、深夜・早朝の騒音規制時間の特例的な飛行や、飛行ルートの確認などが主なテーマだ。

ラムシュタイン基地の広報担当者は、「委員会で上がった地元の意見や要請はオープンに議論される。そして個別事例ごとに、司令官が日々の運用の中で対応を検討する」と説明する。

沖縄では過去に県や米軍、日本政府で構成する三者連絡協議会（三者協）が設置されていたが、訓練などの運用を制限するものについては米軍が議題とすることを拒否し、実質的な協議ができず、自然消滅した。

一方、ラムシュタイン＝ミューゼンバッハ市のクライン副市長は委員会について、「軍事機密は議論の対象にできないが、騒音だけでなく環境保全や交通渋滞などあらゆる問題を協議している。市民の生活に影響するものは、全てが議論の対象だ」と言い切った。

「私が子どもの頃は、この辺りはいつも軍用機の音が鳴り響いていた。今は通常訓練では夜間には飛ばないし、市街地の上も通らない。騒音や環境保全もそうだが、ドイツの法律が適用されるようになり、多くの物事が変わった。米軍との関係は、以前とは違い『パートナー』になった。言い換えると、対等になったと思う」

駐留の実像

②【主権及ばぬ空】

＊ドイツの航空機騒音

緩和策とるドイツ、沖縄では防止協定形骸化

２０１０年1月、ドイツのラムシュタイン米空軍基地が、今後7カ月の間に深夜・早朝を含む航空機騒音が増加するとの見通しを、地元自治体に伝えた。当時のオバマ米政権はタリバン掃討作戦で米軍3万人をアフガニスタンに増派することを発表した。それに伴う物資などの輸送で、航空拠点であるラムシュタイン基地の飛行回数が増えたからだ。

一方でその3カ月後、ラムシュタイン基地が周辺自治体の幹部や騒音専門家らを招いて開く「騒音低減委員会」の場で、基地側は地元に対してある〝騒音緩和策〟を提示した。6～8月の夏場には、常駐のC１３０輸送機が実施する飛行訓練を、午後5時をめどに終える内容だ。

この措置について米軍は当時、作戦能力に与える影響はないと説明した。ドイツの夏は午後9時ごろまで空が明るい。一方、ラムシュタイン基地では午後10時から午前6時を「騒音規制時間」に設定し、通常訓練を目的とした軍用機の飛行を規制している。いずれにしろ夏の夜間に飛行訓練が

できる時間は極めて短かった。「操縦士たちは（早い時間に日が暮れる）冬場に比べ、夜間飛行訓練による利益を得づらい」と、ラムシュタイン基地の広報担当者は説明していた。

17年3月、在沖米軍トップのローレンス・ニコルソン四軍調整官はキャンプ・コートニーで開いた記者会見で、米空軍嘉手納基地や米海兵隊普天間飛行場での午後10時から午前6時までの飛行などを規制する「騒音規制措置（騒音防止協定）」が形骸化し、深夜・早朝の飛行が常態化している状況を問われ、こう答えた。

「いい質問だ」――そして熱弁をふるった。

「全てのオスプレイは一定の飛行時間をこなさなければならない。その中には日中も夜間もある。冬の訓練はすぐに暗くなるから簡単だが、夏場はなかなか暗くならないので、夜間訓練をこなすのは厳しくなる。だがもし制限があり、夜に飛行できなければ、危険なことになる」

ドイツでは夏場には暗くなるのが遅いために、騒音規制時間を考慮して夜間飛行訓練を抑制する。一方で沖縄では、夏場は暗くなるのが

会見するニコルソン四軍調整官。深夜・早朝の飛行訓練について、操縦士の練度維持のためには不可欠だと強調した＝2017年3月、うるま市の米軍キャンプ・コートニー

遅いことを理由に、むしろ訓練時間を引き延ばすという二重基準が浮かび上がる。

米空軍がヨーロッパ・アフリカ地域の拠点と位置付けるラムシュタイン基地と、北東アジア最大の空軍基地である嘉手納基地。二つの米軍基地の夜間飛行の実態の違いは、数字でも表れている。ラムシュタイン基地によると、16年に同基地で午後10時から午前6時の騒音規制時間帯に規制の「除外許可(waiver)」を得て行われた飛行は、離陸が373回、着陸が465回、合計838回だった。

琉球新報は嘉手納基地にも、同じ16年の騒音制限時間内の「除外許可」による飛行回数を重ねて質問したが、「記録がない」との回答だった。一方、沖縄防衛局が17年度に始めた嘉手納基地の24時間目視調査によると、17年4～9月の半年間で確認した、午後10時から午前5時59分の離着陸などの飛行回数は929回に達し、ラムシュタイン基地の16年全体の数を既に超えている。普天間飛行場を運用する米海兵隊にも同様の質問をしたところ、「記録はあるかもしれないが、人員不足」から把握できないとの回答だった。そして嘉手納基地や米海兵隊は次のような認識を示した。

「われわれは日米で合意した騒音防止協定を順守している。仮に規制時間に飛行している航空機があれば、それは全て運用上必要だ」

日米両政府が締結した嘉手納基地や普天間飛行場の騒音防止協定は、米軍が「運用の所要上、必要」と主張すれば、騒音規制時間でも飛行できるという〝抜け道〟が規定されている。そのため、実際には緊急事態などへの対処だけでなく、通常訓練を目的とした飛行までもが常態化しても、「協定に違反しない」という米側の強気の態度を下支えすることになっている。

■追跡取材　嘉手納基地騒音①

半数超が0時以降　米「運用上必要」強調

沖縄防衛局が2017年度から始めた米空軍嘉手納基地の24時間目視調査で、日米両政府が合意した騒音規制措置（騒音防止協定）で、飛行を規制している午後10時から午前6時の離着陸などの飛行回数が、17年4月から11月の8カ月間で1173回に上ったことが18年1月15日までに分かった。

そのうち半数を超える604回が午前0時から5時59分の深夜・未明・早朝に発生しており、深刻な騒音被害が裏付けられた。

騒音防止協定とは別に、嘉手納基地司令官が出した滑走路運用指示書は騒音対策の項目で、夜間暗視訓練の場合は日米が合意した騒音規制の午後10時を超えて午前0時までの飛行を「認める」とし、「合意破り」を前提とした運用を記載していたことが明らかになっている。さらに実際は、午前0時以降の離着陸が騒音規制時間に行われた飛行の過半数を占め、米軍自らが指示書で出したルールまで形骸化している実態が浮き彫りになった。

嘉手納基地や米軍普天間飛行場の騒音防止協定を巡っては、米軍が「運用上、必要」とすれば、騒音規制時間内にも離着陸やエンジン調整ができるようになっている。これには通常の飛行訓練も含まれている。

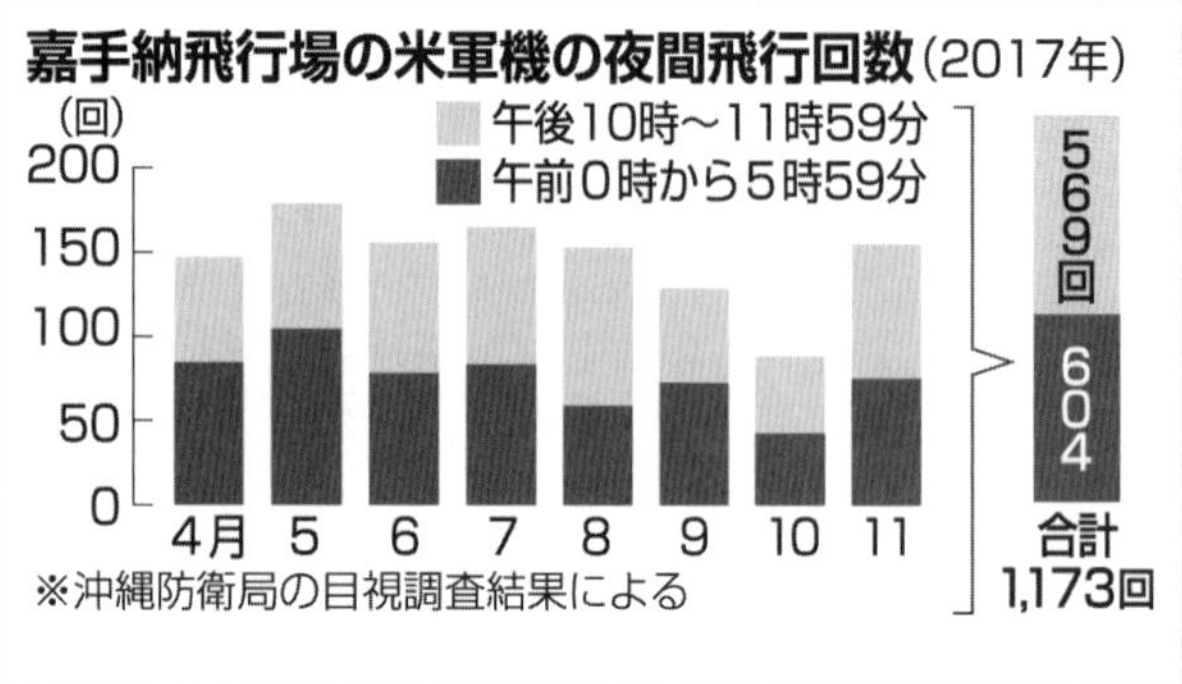

一方、米軍がイタリアやドイツなどで出している「滑走路運用指示書」では、規制時間内の通常訓練を目的とした飛行は原則的に認めず、急患搬送などの「緊急事態」に限定したり、受け入れ国の許可を条件としたり、より厳しく規制している。

琉球新報の取材に嘉手納基地は、「日米で合意した騒音軽減措置を順守している。もし飛行している航空機があれば、それは運用上の必要に基づくものだ」と回答し、深夜・未明・早朝の飛行は全て「協定違反」には当たらないとの認識を示した。

また2016年の通年で、騒音規制時間内に離陸、着陸、エンジン調整をそれぞれ何度行ったかを質問したが、「記録はない」とした。

駐留の実像

②【主権及ばぬ空】

※ドイツの騒音対策

国内規制を駐留米軍にも適用

「一つ例を言えば、過去には基地に配備されている輸送機のＣ１３０Ｅが、より騒音が小さいＣ１３０Ｊに交換された。それからシミュレーターを導入して訓練飛行を減らした。住民の苦情や要望を受けて、というよりは、騒音に関するドイツの国内規制がより厳しくなってきたことが理由というのが、正しい説明になる」

ドイツのラムシュタイン米空軍基地近くのヴァイラーバッハ市のアーニャ・ファイファー市長は、２００８〜09年にかけて同基地が騒音対策として進めた輸送機の機種更新について振り返った。

輸送機Ｃ１３０の「Ｊ型」への交換についてラムシュタイン基地は当時、ヴァイラーバッハを含む周辺自治体などと定期的に開く「騒音軽減委員会」の場で、騒音被害を軽減する「新たな取り組みだ」と強調した。従来の「Ｅ型」より音が静かなだけでなく、運用能力も上がると利点を説明した。

さらに自治体の職員を基地内に招き、「Ｊ型」の離着陸音を聞き比べさせた。そのほかにも主要な航空機の機種変更の際に、事前に自治体職員を招いたデモンストレーションを開いた。

その「騒音軽減委員会」の運用実態を聞き取ろうと、2018年2月にラムシュタイン基地に隣接するラムシュタイン＝ミューバッハ市を訪問した沖縄県の謝花喜一郎知事公室長は、面談したラルフ・ヘヒラー市長らが示したある説明資料に目を丸くした。

基地を運用する米軍が3カ月に一度のペースで、午後10時から午前6時の騒音規制時間内の離着陸やエンジン調整の回数を、周辺自治体に報告していたからだ。

報告で明らかにされていたのは、基地司令官が操縦士に対して規制時間内の飛行やエンジン調整を、「特例」として認めた回数だけではなかった。司令官が深夜飛行を許可しなかった回数、また操縦士が特例の飛行やエンジン調整の許可を得たものの、実際にはそれらを自らキャンセルした回数も含まれていた。

大型輸送機C５の型式変更に伴い飛行場で騒音レベルを視察するラムシュタイン米空軍基地の周辺自治体の職員ら。同基地は周辺自治体に３カ月に１度、騒音規制時間の離着陸回数なども報告している＝2009年９月、ドイツの米空軍ラムシュタイン基地（同基地ホームページより）

「沖縄では米軍が規制時間の飛行を繰り返しているが、『運用上必要』の一言で正当化するだけで、その理由や回数も全く明らかにされない。やむなく沖縄防衛局が24時間の目視調査で、規制時間内の飛行回数をチェックしている状況だ」と、米軍の対応を比べた謝花公室長はさらに、「こういう記録が存在すること自体が驚きで、圧倒的な落差だ」と指摘した。

ドイツへの米軍駐留の条件を定めた二国間協定「ボン補足協定」は、1993年に大きな改定があった。その目玉が、駐留米軍の活動にもドイツ国内法を適用する点だ。以降、ドイツでは国内法の規制を根拠に、住民生活に影響を与えるような米軍の行動に、一定の歯止めをかける仕組みができた。国内規制が、地元への説明責任を果たす米軍の姿勢につながっている。

ドイツの「航空機騒音対策法」は、住宅地や学校などがある場所を騒音規制地域に指定し、騒音基準値を定めている。基準値は「民間空港と軍用飛行場」「日中と夜間」のそれぞれに分かれる。もちろん米軍基地も「軍用飛行場」として国内法が適用され、ドイツ軍と同じ騒音規制を受ける。

航空機騒音について日本国内では、米軍基地にも自衛隊基地と同様の「環境基準値」が設定されている。ただ米軍はこれを実際に「守る」法的義務はないという、根本的な抜け道がある。

航空自衛隊那覇基地によると、同基地の航空機騒音には環境省の騒音基準値などが適用される。また住宅地上空を回避するルートでの離着陸といった騒音防止手順は、航空法の規定に基づき行う。那覇空港の場合は管理者が国交省のため、自衛隊機は緊急発進を含めて同省の管制に従って離着陸をしている。

米軍機の航空機騒音や運用などの問題を巡り、地元自治体と米軍の間で問題が発生した場合、解決手法はどうなるのか。ドイツ国防省広報担当者の説明はシンプルだった。

「ボン補足協定、またはドイツ国内法の適切な規定に基づいて対処される」

駐留の実像

2【主権及ばぬ空】

＊ドイツと日本、深夜・未明飛行の〝二重基準〟

ドイツには「説明責任」果たす

２０１６年11月５日、米軍機の飛行を巡るヨーロッパと日本の基地での〝二重基準〟を、米軍自らが認めるような皮肉な場面があった。

嘉手納基地を訪れた米空軍制服組トップのデビット・ゴールドフィン参謀総長が、深夜・未明の外来機の離陸について記者団に問われた際、自身がドイツで司令官を務めていた経験を振り返りながら、「（ドイツでは）地元の自治体に離陸を通告し、なぜ飛ぶのかを確実に知らせていた」と〝地元への配慮〟の努力を強調したのだった。

ゴールドフィン氏は「未明の静かな時間の離陸は避けるべきだ。地域への影響は理解しており、できるだけないようにするのも使命だ」とも述べたが、沖縄では深夜・未明の飛行が常態化し、その理由を地元に事前通告することもほとんどない。

米軍のこうした態度は、実際の滑走路運用指示書を読むと、くっきりと違いが浮かび上がる。

嘉手納基地の司令官が出した滑走路の運用指示書は、「騒音軽減」の項目を設けている。この中では日米両政府が合意した騒音規制措置（騒音防止協定）で合意された規制時間、午後10時から午前6時までの対応も記載している。

だがこの規制時間帯に明確な「禁止」を記載しているのは「戦闘機の離着陸」のみで、その他の航空機の飛行は容認するような内容になっている。さらに戦闘機も「運用上の必要がある場合を除く」とのただし書きで飛行を認めている。

その他の航空機は「できるだけ早く飛行を終える」という抽象的な〝努力目標〟を掲げているのみだ。

また深夜・早朝の規制時間に例外的な飛行を認めるのは、緊急事態などに限らず、日常的な訓練も含まれる。午後10時には、日米が合意した騒音規制時間が始まるのにもかかわらず、夏場は暗視飛行訓練を目的とした離着陸は午前0時まで「認める」とも明記し、「合意破り」を前提とした運用を指示している。

一方、ドイツにあるラムシュタイン米空軍基地の滑走路運用指示書を見ると、同じ午後10時から午前6時を騒音規制時間と定めている。だが通常訓練を理由とした飛行は認めていない。

指示書は騒音規制時間に「特例」として飛行を認める場合は、「急患や遺体の搬送、飛行中の緊急事態による目的地変更」とする。その他は大統領令による重大任務など、具体的な形で「限定列挙」している。

嘉手納基地での会見で、自身がドイツで司令官を務めていた経験から「(ドイツでは)地元の自治体に離陸を通告していた」などと述べた、米空軍制服組トップのデビット・ゴールドフィン参謀総長＝2016年11月5日、嘉手納基地

基地に隣接するラムシュタイン＝ミューゼンバッハ市によると、それでも特別な事情で深夜・早朝の飛行訓練などがある場合は、周辺地域には事前に基地から連絡があり、理由も含めて説明を受けている。

ラムシュタイン基地の司令官が、周辺自治体の幹部らを招いて開く「騒音軽減委員会」では、騒音規制時間における前年の飛行回数、また理由を米軍が説明する。

さらに飛行航跡や乗員への聞き取り、基地に寄せられる苦情の内容も併せて分析し、地域の要望や苦情を日常の運用に反映する仕組みとなっている。

一方、嘉手納基地によると、騒音規制時間の離着陸やエンジン調整の回数は「記録していない」となり、米軍普天間飛行場（米海兵隊）も「記録はあるかもしれないが、人員不足で検索が難しく答えられない」という回答、基地が地元に説明責任を果たす姿勢にも大きな違いがある。

その結果、県や地元市町村、沖縄防衛局が騒音計測や目視調査で分析せざるを得ない状況だ。

在沖米軍が嘉手納基地や普天間飛行場で夜間飛行訓練を行う必要性を強調する際の大きな理由の一つが、暗視訓練の実施だ。ドイツのラムシュタイン基地でも日常的に暗視訓練を行う必要はないのか、という疑問は残る。

これについて米軍は２００８年5月に開いた「騒音低減委員会」で、地元に次のように説明している。

「騒音規制時間には任務に不可欠な飛行だけを認めている。一例を言えば、重傷者を（隣接する米軍施設）ラントシュトゥール病院に急搬送する場合だ」

そして「第37空輸中隊はスペインやブルガリア、ルーマニア、米国、その他の地域に展開し、夜間の降下訓練や暗視訓練、戦術着陸、輸送訓練などを実施している。地元の負担を緩和するためだ」と続けた。

駐留の実像

② 【主権及ばぬ空】

＊ハワイ島ウポル空港のオスプレイ訓練計画

米軍、住民の要望に応え使用制限

体に響く独特の「あの音」がまた聞こえ、がたがたと家の中が震える。米ハワイ州最大の島ハワイ島。島の北西部の岸壁にひっそりとある州管轄のウポル空港に、米海兵隊の垂直離着陸輸送機ＭＶ22オスプレイやＨ１ヘリが昼夜を問わず、離着陸を繰り返すようになった。

空港近くに住むアリッサ・スラベンさん（46歳）は、米軍機の離着陸の回数や時間を毎日記録するようになった。「数マイル離れた場所からでもオスプレイが飛んでくるのはすぐ分かる。他のヘリとは違う」「お母さん、怖い」――眠りに就こうとした娘はおびえた。

２０１０年８月、米軍は18年までにオアフ島にあるカネオヘ海兵隊基地（現ハワイ海兵隊基地）にオスプレイ24機を配備する計画の中で、環境影響評価の準備書に年間２５０回以上のウポル空港での訓練計画を盛り込んだ。11年11月、軍は空港から約30キロ離れたワイメア地区で一度、住民説明会を開いた。近隣住民らは騒音や安全への懸念を示したが、軍から十分な説明はなかった。

だが一転、軍は12年6月に環境影響評価の最終報告書で、ウポル空港での訓練計画を取り下げた。オスプレイの下降気流や騒音が自然環境や遺跡に与える影響と、住民の不安に配慮したものだった。

ウポル空港近くには、ハワイを統一した初代国王カメハメハ１世の生誕地がある。軍は、州の歴史的遺産の保存に関する諮問委員会との間で、空港の使用を「機体の異常や天候不良など、緊急時の着陸以外は空港の使用を制限する」ことで合意した。

しかし、オスプレイ配備が始まると、上限25回の「緊急時の使用」はなし崩しになった。ウポル空港は長さ約１１５０メートルの滑走路１本と、平屋の建物があるだけの小さな空港である。しかし連日、異様な低周波音が響くようになった。スラベンさんの住むハビ地区は、人口１千人余の小さなコミュニティーだ。穏やかな暮らしは騒音で一変した。オスプレイは飛来すると、何度も離着陸を繰り返す。無灯火の夜間訓練や午後11時半すぎの飛来もあった。万が一、事故が起きても、車で45分の所から駆け付ける小さな消防車１台では、なすすべもない。空港のある岸壁は紺碧《こんぺき》の海が広がり、海洋生物の「聖域」でもある。

「毎年、感謝祭の時期に空港から海を見ると、クジラの親子が訪れた。でも、オスプレイが来てから見掛けなくなった。今始めなければ、クジラの赤ちゃんはもう戻れないかもしれない」

スラベンさんは１人で行動を始めた。７００ページ以上ある軍の環境影響評価をめくり、ウポル空港使用に関する箇所を読み込んだ。住民らに、州議会議員らに手紙を書くよう呼びかけた。多くの住民が騒音への苦情、不安を訴え、約５００人の署名が集まった。海兵隊にも懸念を伝えたが、返事はなかった。太平洋軍の上層部に手紙を書いたが、軍からは「われわれは国を守るために活動している」という答えが返ってきただけだった。

「夫は元海兵隊員だし、米軍の活動は支持している。ただ、人々の生活の質や環境に影響を及ぼすべきではないと思う」

スラベンさんは環境保護法律事務所アースジャスティスのデビット・ヘンキン弁護士に相談し、問題点を伝えた。17年1月からの3カ月間で記録したオスプレイの離着陸回数は、上限の25回をはるかに超え、800回以上に上っていた。

オスプレイのウポル空港使用について「人々の暮らしや環境に影響を及ぼすべきではない」と語るアリッサ・スラベンさん＝ハワイ島ウポル空港

アースジャスティスは3月下旬、ハワイ基地の司令官宛てに、計画に反する過剰な訓練の影響を明らかにせず、環境に悪影響を及ぼさない代替案を考慮していないことは、国家環境政策法（ＮＥＰＡ）に違反していると書面で指摘した。すると、4月下旬には海兵隊から返答があり、即座に是正に応じた。17年中は既に上限回数を超えているため、ウポル空港の使用を制限すると約束した。

「暮らしと環境を守りたい」――米国内の住民の訴えに耳を傾け、法の順守を約束する米軍である。しかし沖縄の住民の声は、いつまでも届かない。

駐留の実像

2【主権及ばぬ空】

※ハワイ海兵隊基地

地域と対話し騒音軽減

米ハワイ州オアフ島。島の東部のカイルア湾とカネオヘ湾の間に突き出るモカプ半島に、ハワイ海兵隊基地（以前の名称は「カネオヘ基地」）はある。両湾沿いには住宅地と美しいビーチが広がり、カイルア地区の人口は約3万8千人、カネオヘ地区は約3万4千人に上る。

ハワイ基地のホームページ（ＨＰ）には、「地域への働き掛け（Community Outreach）」や「騒音の懸念（Noise Concern）」といった項目がある。住民らが軍に対し、米軍機の騒音への苦情を直接訴えられる仕組みだ。

ＨＰには、垂直離着陸輸送機ＭＶ22オスプレイをはじめ、ＣＨ53ヘリ、ＵＨ1ヘリなど、各機体の名称と写真を掲載し、日時やどんな騒音が聞こえたかなどを詳しく書き込め、基地の担当窓口に直接電話できるホットラインもある。

オアフ島に飛来する海兵隊、陸・海・空軍の米軍機の写真や概略を説明する資料もダウンロードでき、そこには「ハワイ基地は近隣地域と強い関係を構築することを約束する」と書かれている。

同基地広報は、騒音の苦情件数について「時期や演習の種類によって異なる」と回答を避けたが、地域との関係性を、「近隣地域と相互に有益な関係を維持することは、ハワイ海兵隊基地と地域社会にとって重要だ。この軍用施設は、約16億ドルの貢献を地域経済にもたらしている」と説明する。

地域への情報開示はウェブ上だけではない。各地区の学校や商工会の代表、退役軍人らと、基地の司令官らで構成する民間軍事評議会は約30年前からあり、毎月、意見交換する場になっている。

オアフ島全地域にある地域住民評議会の会合に、軍高官が直接出向くこともある。騒音の悪化が懸念される訓練や航空機の飛来がある場合は、会合などを通して、事前に地域住民に情報を伝えているのだ。

HPの「よくある質問」にはこんな内容もある。「騒音に対する地域の懸念をきちんと聞いてくれるのか」という質問に対し、「地域社会にとって可能な限り最善の隣人になるため、２０１２年2月にあった地元議員らとの会合を経て、騒音を最小限に抑えるために、整備時のエンジン回転数とヘリの飛行経路を見直した」と回答している。

県や市町村などが相次ぐ事故を受け、飛行停止や全機種の点検などを求めても、訓練を強行する在沖海兵隊とはあまりに大きな差がある。

カネオへ・カイルア地区選出のジル・トクダ州議会議員（沖縄県系）は、「双方向のコミュニケーションの改善に向け、常に努力を続けている。民間軍事評議会は軍の高官が同じテーブルに座ってお互い意見を交わすことができ、有効に機能している。ホットラインを通して住民から軍に直接連絡することもでき、何の障害もない」と語る。

「基地はコミュニティーの一員」と捉えているトクダ氏は、「対話が重要だ」と強調する。住民の指摘を受けて、軍が騒音軽減などの改善策に取り組むことで、地域住民からは「軍はちゃんと聞いてくれる」という信頼関係が築けるという。

また、基地から派生する雇用、ビジネス、地域の学校に対する連邦政府の資金援助などもあり、経済効果も重視する。

一方、米国内の州であるハワイと、日本国内の県である沖縄という大きな違いがあるとした上で、沖縄県内で多発する米軍の事件・事故について、「これだけ長い間、繰り返されているということは、本当の改善策になっていないということ。飲酒運転で米兵が事故を起こしたから飲酒禁止措置をとっても、それが本当に守られているのか誰も確認することはできない」と疑問を呈する。

「米軍や日本政府、沖縄県、そして地域住民が悲劇を起こさないためにどうすべきか。各レベルでのリーダーシップと、信頼を回復する機会が大切なのではないか」と、語気を強めた。

米ハワイ海兵隊基地とカネオヘ地区との関係について語るジル・トクダ州議会議員＝ハワイ州ホノルル

駐留の実像

②【主権及ばぬ空】

＊在日米軍基地に法的空白地帯

政府と米軍への請求認めず

沖縄では深夜・早朝も米軍機の爆音被害はやむことがない。その被害自体は司法も「違法」と認定し、日本政府に賠償を命じてきたが、本質的な解決となる飛行差し止めについては、米軍の活動は日本政府の「支配が及ばない」という論理（第三者行為論）から、住民の訴えを退ける判決が続き、被害救済の道が閉ざされてきた。

米軍は日本に駐留しているにもかかわらず、日本の司法も及ばない異質な存在である実態が象徴的に現れた判決がある。２０１６年12月に最高裁判決を迎えた第４次厚木基地騒音訴訟だ。

厚木基地は日米地位協定上は「米軍専用施設」に分類される基地だが、自衛隊も使用している。この裁判で周辺住民は、米軍機と自衛隊機による深夜・早朝の飛行の差し止めを求めた。だが裁判所は一審、二審とも自衛隊機の飛行差し止めを認めた一方、米軍機への差し止め請求は退けた。

深夜・早朝の飛行という全く同じ活動に対し、それが自衛隊機か米軍機かで異なる判断を裁判所が出した。最終的に最高裁判決は米軍機、自衛隊機の両方に対する差し止めを認めなかったが、自衛隊機に対する差し止め「請求権」の存在は認めた。だが米軍機に対しては飛行差し止めの請求権そのものを認めなかった。

米軍機の飛行差し止めを認めない第三者行為論の考え方を、裁判所が〝分かりやすく〟説明したことがあった。「カラオケ理論」だ。

米軍横田基地の騒音訴訟で東京高裁は1987年、ある「比喩」を持ち出し、米軍に対する飛行差し止めの請求権を否定した。

「例えば隣家のいわゆるカラオケ騒音や工場騒音が耐え難い時、被害者のためには、隣家の住人に向かってカラオケ騒音などの停止を請求する権利を認めれば十分である」「隣家が借家の場合、その賃借人に向かって賃借人である隣家の住人に立ち退きを要求する権利や、電力会社に向かって隣家に対する電力の供給を停止するよう請求する権利を認めることは許されない」

つまり、米軍に基地を提供しているにすぎない

第二次普天間爆音訴訟の地裁判決後「差止め、またもや認めず」などと書かれた紙を出す弁護士ら。司法は「第三者行為論」を用いて米軍機の差し止め請求権を否定してきた＝2016年11月17日、沖縄市知花の那覇地裁沖縄支部前

日本政府に対し、飛行差し止めを請求するのは「許されない」ということだ。判決はこうも続けた。「以上の理は、直接の加害者がたまたま外国の軍隊であるため、これに対して（中略）わが国の裁判権が及ばないということによっても、変わることはない」

日本政府に対する請求権は認めず、「カラオケ」（基地）で騒音をまき散らしているのが〝たまたま外国の軍隊〟であるため、結果的に日本の裁判権は及ばないとする見解だ。

結局、裁判所が「違法性」を認めるほどの騒音被害が現実に発生しても、住民は日本政府にも米軍にも差し止めを請求できないという形で、在日米軍基地には「法の空白」が生じてきた。

欠陥が指摘される米空軍嘉手納基地や、米海兵隊普天間飛行場の騒音規制措置（騒音防止協定）についても、その形骸化を公然と認める判決があった。16年9月に福岡高裁那覇支部が言い渡した、名護市辺野古の新基地建設を巡る違法確認訴訟だ。この裁判で被告の沖縄県側は、辺野古の埋め立て承認を取り消した根拠の一つとして、日米が交わした騒音規制措置が形骸化し、騒音被害の法的救済が担保されていないことを指摘していた。これに対して判決はこう言い渡した。

「規制措置は全て『できる限り』とか、『運用上必要な場合を除き』などの限定が付されており、そもそもこれが順守されていないとの確認は困難であるから、被告の主張はその前提を欠いている」

裁判のきっかけである名護市辺野古の新基地建設は今も進む。米軍の運用には日本政府の「支配が及ばない」として司法が自由な裁量を与える中、辺野古の海では「たまたま外国の軍隊が使用する」耐用年数200年の、「カラオケ」（新基地）が造られようとしている。

駐留の実像

2【主権及ばぬ空】

※嘉手納パラシュート降下訓練、強行

例外を盾に政府の中止要請無視

２０１７年９月21日、まだ始業も迎えていない午前７時の嘉手納町役場。米空軍嘉手納基地を見渡せる屋上まで、垂直に掛けられた施設点検用のステンレス製はしごを３メートル以上必死によじ登る當山宏町長の姿があった。

「早朝から地元のトップがこんな場所に登らなきゃいけないなんて」――その背中を見つめ、町幹部がため息をつく。

屋上に着いた後、ＭＣ１３０特殊作戦機が相次いでパラシュートを投じ、降下訓練が始まった。ひらひらと兵士が降りる様子をじっと見つめる當山町長は、怒りに満ちた表情で述べた。

「日米の合意は何だったのか」

兵士を投下した機体は着陸し、町役場の屋上までプロペラ音が鳴り響いていた。

この降下訓練には嘉手納町や「嘉手納飛行場に関する三市町連絡協議会」（三連協）だけでなく、

2017 年 4 月 24 日に嘉手納基地で実施したパラシュート降下訓練の様子を掲載した米空軍のウェブサイト。嘉手納基地についてパラシュート降下訓練に「適している」と説明している

小野寺五典防衛相までもが米軍に中止を求めていた。１９９６年の日米特別行動委員会（ＳＡＣＯ）最終報告は、陸上部での降下訓練を読谷補助飛行場から移転し、伊江島補助飛行場で実施するよう合意したからだ。

パラシュート降下訓練を巡る沖縄県民の心の傷は深い。50年には読谷村で燃料タンクが落下して少女が圧死し、65年にも同村でトレーラーが落下し少女が圧死した。県のまとめによると、復帰後も17年1月までに53件の降下訓練絡みの事故が起きている。14年にもドラム缶４本（合計約８００キロ）が、伊江島補助飛行場のフェンス外の建設工事現場に落下した。作業員の休憩所からわずか15メートルの距離だった。

県や三連協は伊江島補助飛行場以外では降下訓練をしないよう、SACO合意の順守を再三求めてきた。県は「海や農地に囲まれた伊江島補助飛行場と違い、嘉手納は住宅地に囲まれている。事故が発生すれば被害がより重大になりかねない」（金城典和知事公室参事）と説明する。

だが米軍は17年の1年間だけで、3回にわたる降下訓練を嘉手納で強行した。それは「一国の大臣」の中断要求すら米軍から袖にされる、〝合意の軽さ〟を見せつけるものでもあった。9月の降下訓練後、直前まで中断を求めていた小野寺防衛相は、「遺憾」を表明することしかできなかった。

米国がイタリア政府と結んだ駐留協定「モデル実務取り決め」では、イタリア政府が危険だと判断した米軍の行動には、イタリア側が中断を求めて「介入」できると明記している（第6条の5項）。だが日米地位協定では、米軍の活動に日本政府は一切介入できない。あくまで中断を〝要請〟するのみだ。日本政府の要求を無視した行動を米軍が取るたびに、政府関係者の口からは「結局、運用には口出しできない」という決まり文句が聞こえる。

嘉手納での降下訓練について米軍は、「例外的」な場合は伊江島以外の場所でも実施できると、SACO合意後の07年に開いた日米合同委員会で合意していると主張した。

17年4月24日に降下訓練を実施した際、米軍は当日の天候がその「例外」の理由だと説明した。だが沖縄県が確認したところ、「伊江島の天候は晴れで、強い風もなく、翌25日の天候も同様だった」

（幹部）と、県側は不信を募らせた。

さらに17年9月21日の降下訓練に至っては、米軍は他の部隊による使用のために、伊江島補助飛行場での実施が不可能だった、と理由を説明した。県幹部は「訓練場所の調整ができないことは米軍自身の落ち度でしかない。こんなことを例外と正当化するのがまかり通るか」と「拡大解釈」が続く「例外」に憤った。

「ＳＡＣＯ合意を何と心得ているのか」

米軍が17年４月に嘉手納で降下訓練を強行した後、県基地対策課の職員たちは米空軍のホームページを見て目を疑った。

米兵がＭＣ１３０特殊作戦機から飛び降りる瞬間を見事に捉えた写真を掲載しながら、この訓練を報告する記事を見つけたのだ。地上には、基地の周りに民間の建物が広がる様子も映り込んでいる。記事はこう強調していた。

「嘉手納基地はパラシュート降下訓練に適している」

米軍はこのわずか３週間後、嘉手納では初となる夜間のパラシュート降下訓練を実施した。日本政府の中断要請を無視してのことだった。

駐留の実像

2【主権及ばぬ空】

※日米合同委員会

米軍主導「負担軽減」崩す

日本政府や地元の中止要請を無視し、２０１７年だけで米軍が3度にわたり嘉手納基地で強行したパラシュート降下訓練。１９９６年の日米特別行動委員会（ＳＡＣＯ）最終報告は、米軍による陸上部でのパラシュート降下訓練を、読谷補助飛行場から伊江島補助飛行場に移転すると決めたはずだった。読谷では過去に降下訓練による女児死亡事故などの重大事故が起きていたことから、周辺に住宅地などが少ない場所を選んだ。

だが11年後、この政府間合意にはある〝密室会議〟で抜け道ができた。日米地位協定の運用を協議する「日米合同委員会」だ。２００７年1月の合同委は降下訓練を「例外的」に嘉手納基地でも実施することを認めた。

「例外」を認める具体的な条件は何なのか。沖縄防衛局は琉球新報に「個別の事例ごとに具体的な事情に即して判断する必要があり、あらかじめ一概に述べるのは困難だ」と回答した。在日米軍にも合意内容を確認したが、回答はなかった。

日米合同委員会の議事内容は、両政府の同意がない限り公開されない。「負担軽減策」であるSACO合意が骨抜きにされた経緯は、国民に知らされていない。

その弊害は如実に表れた。17年5月に米軍が嘉手納で降下訓練を強行した際、稲田朋美防衛相(当時)は「例外な場合に当たるとは考えていない」としたが、結局、米軍は降下訓練を止めなかった。

小野寺五典防衛相も17年9月の降下訓練で同様の指摘をし、伊江島での実施を求めたが、米軍のパラシュートは再び嘉手納上空で投下された。

受け入れ国の防衛大臣の要求すらも受け入れない「合意」を生み出す日米合同委員会という組織は、どのようなものなのか。その構成メンバーを見ると、協議を外交官ではない軍部が掌握し、〝軍事優先〟の論理で進めている実態が浮かび上がる。

日米合同委員会のメンバーは、日本側代表を外務省北米局長が務め、その他5人の委員全員が背広組の文民だ。それと比べて米側は制服組の在日米軍副司令官が代表で、その他の委員も6人のうち5人を米軍幹部が占めている。文民は在日米大使館の公使ただひとりだ。

在日米軍が02年7月に出した通達は、在日米軍副司令官の役割を、「米軍や国防総省のみならず、米政府全体を代表する」「米側を代表して発言または行動できる唯一の人物」と説明し、軍部が強大な権限を握っていることを裏付ける。

同じく米軍が駐留するイタリアにも、日米合同委員会のように駐留協定の運用に関する協議機関は存在する。イタリアの委員会は米伊両国とも軍の幹部が代表を務めるが、委員会は「それぞれ政府当局の指示を受ける」こととされ、議題も政府当局に先に提出し、政府の指示を受ける形で文民統制の下に置かれている。

日米合同委員会のように、軍人が「政府全体を代表」する立場で他国の文民の政府と協議する形ではない。

実は日米合同委員会の在り方に対しては、米政府の内部からも異論が出ていた。１９７２年、沖縄の日本復帰を契機に、インガソル駐日米大使が米国務省に宛てた複数の機密公電は、米国による日本「占領」終了の節目として、日米合同委員会の米側代表権を軍部から文民である大使館側に移し、軍部は文民を「補佐」する枠組みに変えるよう提言していたことを記録している。

だが米太平洋軍や在日米軍が、「軍の柔軟性や即応性を維持することが必要」だと抵抗した。さらに米軍は「日本側から変更を求める兆候もない」と主張し、大使館の提案は頓挫した。結局、米軍が「政府代表」を務める構図が、今なお続いている。

72年の公電で米大使館は、日米合同委員会の在り方を強く批判している。

「通常の主権国家との関係を築く以前の占領期に築かれた、軍部と背広組の政府代表者が直接やりとりする異常な関係が存在している」

駐留の実像

2【主権及ばぬ空】

＊普天間第二小学校へ米軍ヘリの窓落下

米軍、上空回避を確約せず

　いつもより大きな米軍ヘリの飛行音に、職員が窓の外をのぞいた次の瞬間だった。白く光る物体が空から回転しながら落ちてくるのが見えた。ＣＨ53ヘリの窓が地面に当たる衝撃音と同時に砂ぼこりが上がった。悲鳴を上げる子どもたち。最も近くにいた児童からわずか約10メートルで、窓は重さ約７・７キロ。

　直撃していれば最悪の結果につながりかねない事故だった。教師の誘導で子どもたちは一斉に避難した。教室に戻ってから思い出したように泣きだす児童もいた。

　２０１７年12月13日、宜野湾市の普天間第二小学校は2校時の授業中だった。運動場では2年生が球遊びをし、4年生は男子が大縄跳び、女子は鉄棒に取り組んでいた。

　落下の衝撃で小石が左腕に当たり、痛みを訴えた4年生の男子児童がいた。パトカーや消防車も到着し、校舎は騒然とした。

学校には保護者たちが次々と駆け付け、わが子を抱きしめる姿があった。頭上から突如物体が降ってくる脅威に、子どもたちは「怖い」「バンッって落ちてきた」「正直びびった」などと語った。口をつぐむ子もいた。落下を目の当たりにした後、体調不良を訴えて欠席や早退を繰り返すようになった児童もいる。

米軍ヘリ窓落下後、迎えに来た保護者と下校する児童ら＝2017年12月13日、宜野湾市の普天間第二小学校

事故後、喜屋武悦子校長は「学校の上空を飛ばないと約束してほしい」と求めた。だが日米両政府は学校上空の飛行を「最大限可能な限り」回避するというだけで、「飛ばない」と確約はしなかった。学校は運動場の使用を取りやめた。

沖縄防衛局は普天間第二小上空の米軍機の確認用に、監視カメラや監視員を配置した。ある母親（46歳）は6年生の娘から、「何のために（カメラを）付けるの」と言われ、根本的な解決にはならないことに気付かされた。

普天間第二小では2018年1月18日から、米軍機が接近してきたことを想定した避難訓練が始まった。同時に学校やPTAは運動場の使用再開に向け議論を重ねていた。

避難訓練の当日、「逃げてください」という声に続き、体育着姿の子どもたちが早足で校舎に向かう。低学年の児童は置いて行かれないように一生懸命足を動かしていた。

宜野湾市の担当課長は、「まるで戦時中だ」と表現した。

だが訓練を終えた午後1時25分、米軍ヘリが普天間第二小の上空を飛行した。学校上空の飛行が確認されたことで、運動場の使用再開を目指していた普天間第二小は揺れた。PTA役員の一人は、「早く校庭で授業できるように努力してきたのに、全てパーだ」とため息をついた。

2月2日の保護者会で喜屋武校長が運動場使用の再開方針を示すと、保護者から反発の声が上がり、話し合いは約3時間に及んだ。意見は割れたまま、6日から運動場での体育が再開された。

米軍は上空飛行を「しない」との確約をかたくなに拒む。防衛局が確認した米軍ヘリの上空飛行の事実も否定し、日米の議論は平行線だ。

米側はヘリの航跡を元に上空飛行を否定したが、米側が日本政府に提示した航跡図は飛行していた3機のうち1機だけ。どの機体の航跡かも分からず、政府は米側に詳細を追加確認している。

1月に在沖米軍や沖縄防衛局に抗議した宜野湾市議会の大城政利議長は、市野嵩の緑ヶ丘保育園へのヘリ部品落下にも触れ、米軍の姿勢を強く批判した。

「米軍は認めず、いまだに解明されていない。あいまいに済ませている中で事件・事故が起こる。これでは市民・県民の命は守れない」

■追跡取材　普天間第二小学校①

米軍ヘリ窓落下半年、児童避難527回

米軍普天間飛行場所属の大型輸送ヘリCH53Eから、重さ約7・7キロの窓が普天間第二小学校（宜野湾市新城）の校庭に落下した事故（17年12月13日）から、18年6月13日で半年がたった。事故後、米軍は飛行ルートを「最大限可能な限り市内の学校上空は避ける」としたが、学校の上空をかすめるように飛ぶ状況は変わらず、平穏な学習環境とは程遠い状況が続く。

◎平穏な学習環境には遠く

校庭の使用を再開した18年2月以降は、米軍機が学校上空に接近するたびに、沖縄防衛局の監視員の指示で児童が校舎へ避難しており、その回数は6月8日時点で527回に上った。

校庭からの避難は3学期中に216回、春休み中に93回、6月8日までの1学期中に218回あった。

学校や宜野湾市教委は、これまで休日分は集計していなかったが、6月12日までに春休みも含め

学校近くを飛行するＣＨ53Ｅ。校庭では沖縄防衛局の監視員が学校の真上を飛行していないか目視で確認している＝2018年6月8日午前、宜野湾市の普天間第二小学校

た休日も合わせて再集計した。４月以降は、休日の避難指示は出していない。

佐喜真淳市長は12日、記者団に「普天間飛行場の一日も早い返還が教育環境の改善につながる。日米両政府には実現に取り組んでもらいたい」と語った。市教委は、児童の安全対策に関し、「今後も学校と連携を密にして対応する」としている。

防衛局は授業が度々中断される現状について、「深刻に受け止めており、引き続き学校、市教育委員会、ＰＴＡの要望を踏まえ、適切に対応していく」とした。

❂保護者、不安拭えず

普天間第二小学校の窓落下事故から半年がたった今も、米軍機は連日、学校上空付近を飛び交う。保護者からは、事故でショックを受けた子の精神面のケアや、日常的な騒音にさらされる環境の改善を求める声が上がる。

５月末以降、３年生の息子が「気分が悪くなった」と体調不良を訴え、校庭での体育の授業を休みがちになっているという母親（32歳）は、「まだ（事故のショックを）引きずってるのかなと思う」と、息子を案じる。男子児童は窓落下時に、校庭で授業を受けていた。窓落下事故後、早退や欠席を繰り返すようになったが、3月末ごろからは落ち着いていたという。

母親は「体育の授業中に避難する学校なんてあり得ない。私は基地反対とかではないけど、飛行ルートの外を飛ばないことくらいは守ってほしい」と訴えた。

2年生の娘が通う母親（29歳）は、「もう少し静かになってほしい。家でも話し声が聞こえないくらいうるさいし、これで先生の声が聞こえるのか」と語った。

■追跡取材　普天間第二小学校②

1回の授業に3度も中断

◎米軍機飛行、逃げる児童

米軍機が上空に近づくたび、校庭にいる児童が走って校舎に逃げ込む。半年前、隣接する米軍普天間飛行場の所属機から、重さ約7・7キロの窓が校庭に落下した宜野湾市の普天間第二小学校だ。

避難の様子は、73年前の戦時下における空襲警報を想起させる。

２０１８年6月8日、避難の現状や児童の思いを取材した。

「グォー」「バラララ」——午前9時、学校に着くと、米軍機の旋回音やエンジン調整音が児童のいない校庭に絶え間なく響いている。校舎に反射しているせいか、音がやけに近い。これが普天間第二小学校の日常だ。

現実

午前11時40分に始まった4校時目。３年生の児童約30人が体育の授業で準備体操を始めた時だった。

「逃げてください」——校庭の隅から駆け寄ってきた沖縄防衛局の監視員が拡声器でそう叫ぶと、児童が一斉に校舎へ走り出した。「あー」といら立つ子、飽き飽きした様子でゆっくり歩く子もいる。その直後、半年前に窓を落としたヘリと同型のＣＨ53Ｅ１機が、騒音をまき散らしながら校庭の上空をかすめた。機体の腹がくっきり見えるほど近く、見上げる場所によっては真上にも見える。

3分後、児童が戻ってきた。

「体操体形を取ってください」——女性教諭が声を張り上げるが、児童は隣の子とおしゃべりしたり、砂いじりを始めたりして、なかなか動かない。45分間の授業中、同じ光景がさらに2回続き、そのたびに児童の集中が切れた。

米軍機の接近で、避難を指示する沖縄防衛局の監視員（中央）。児童たちは体育の授業を中断して校舎へ逃げ込んだ＝2018年6月8日午後0時19分ごろ、宜野湾市の普天間第二小学校

「1回の授業に3回も中断があったら授業が成り立たない」

以前、避難について語った桃原修校長の言葉が頭をよぎる。現実を前に、その言葉の意味がはっきりと分かった。

❂あきらめ感

放課後、普天間第二小学校の児童が集う「そいそいハウス」を訪ねた。学校から徒歩3分の所だ。子どもの居場所づくりを目的に、市民有志が2年前から運営する。

室内に入ると、6年生の女子児童2人がキッチンでスマートフォン動画を見て楽しんでいた。避難について聞くと、1人がスマホを見ながら、「必要ない。どうせ（米軍機は）飛ぶじゃん」と、投げやり気味な言葉が返ってきた。それでも日々の騒音に嫌な気持ちがある。「毎日うるさい。今朝の委員会の時も耳をふさぐくらいだった」

「(米軍機が)上でバーッて飛ぶ時は『落ちてくるかも』と思う」と話したのは、5年生の男子児童だ。事故後、米軍機の飛行を気にすることが増えた。

ただ米軍の訓練については、「どうせ変わらないし……」と答えに困った様子で、手にする漫画雑誌に視線を戻した。怖さ、嫌な気持ち——。その感情を抱いているが、頭上を頻繁に飛ぶ米軍機や激しい騒音に囲まれて育った2人には、どこか諦め感が漂う。

「だんだん事故の恐怖は薄らいでいく。子どもたちは日々、学校生活を送るため、慣れざるを得ない」

そう推し量るのは、そいそいハウスの森雅寛事務局長(42歳)だ。子どもの命や学習環境を取り巻く現状に、不安は強い。

「事故に対して周囲の大人の反応があまりに鈍い。米軍の危険性に対して、もっと声を上げないといけない」と、硬い表情で、語気を強めた。

6月8日、県と宜野湾市が実施する航空機騒音測定調査では、学校から約200メートルの普天間中学校(新城局)で27回の騒音を記録した。最大値は午前8時6分の101・2デシベル、「電車が通る時のガード下」に匹敵するうるささだった。

駐留の実像

２【主権及ばぬ空】

＊欠陥機　オスプレイ

飛行高度設定、航空法より米軍の裁量

「1分間で5千フィート（約１５２５メートル）くらい落ちてくるということだ」

２０１２年8月27日の参院予算委員会で、森本敏防衛相（当時）が米軍普天間飛行場への配備が目前だった、垂直離着陸輸送機ＭＶ22オスプレイの「オートローテーション（自動回転）」機能について説明した。

自動回転はトラブルでプロペラを回せない事態に直面しても、降下する際の風圧でプロペラを回転させて降下し、軟着陸を図る機能だ。森本氏が示した数値によれば、オスプレイは既存ヘリの３倍の速度で降下することになる。重大事故率の高さに加え、この機能の低さが「欠陥機」と指摘されてきたゆえんだ。

オスプレイは自動回転機能を「有する」と防衛省が主張し、「安全」を強調していた中、森本氏が国会で示した数値について、米国防分析研究所でオスプレイの主任分析官を17年務めたレックス・

県道70号の上空を低空飛行するオスプレイ。米軍機は航空特例法で日本の安全基準の適用を除外されている＝2016年6月、東村高江区

リボロ氏はこう言い切った。

「自動回転で着陸しようとすれば、コントロールを失ってそのまま墜落するだろう」

森本氏が示した数値を時速に換算すると、約90キロ。これを普天間飛行場周辺の回転翼機の飛行高度規定である千フィート（約３０５メートル）に当てはめると、操縦士に与えられた時間は12秒。極めて短時間での対応を迫られる。

実は日本の航空法は、回転翼機は「自動回転飛行により安全に進入し着陸できるものでなければならない」と定める。だが米軍機は日米地位協定に基づく航空特例法で、こうした安全基準から除外されている。

日弁連基地問題研究部会で副部会長を務め、米軍機の飛行と法律の関係に詳しい福田護弁護士は、「政府は自動回転の機能はあるとするが、証明されたことはない。航空法の基準で言えば『失格』だ」と指摘する。

自動回転が必要な状況で、エンジン停止状態となった際の〝立て直し〟が極めて困難だと指摘されるオスプレイ。だがそれにも関わらず、よりリスクが高い低空飛行訓練を沖縄県内だけでなく全国で繰り返している。低空飛行も、航空特例法によって法的な「規制」が届かない。

もっとも、米軍が日本で全く自由に低空飛行訓練を実施していいわけではない。1999年1月14日、日米は「在日米軍による低空飛行訓練について」と題する文書を発表している。その中では在日米軍が、国際民間航空機関（ＩＣＡＯ）や日本の国内法の基準を「用いており」、低空飛行訓練の際には、日本と同一の高度規制を「適用している」としている。

とはいえ、この米軍の措置は航空法が「適用」された結果ではなく、米軍が日本の基準を「尊重」しているというのが政府の公式見解だ。それは何を意味するのか。

航空法は第81条で、国交省の許可を得ずに定められた高度以下を飛行することを禁止する。違反には50万円以下の罰金という罰則を設ける。だが現状は、米軍機が規定以下の高度を飛行しても、日本政府との「約束違反」にすぎない。あくまで米軍は、「自主的対応」として努力するという位置付けだ。

北部訓練場ヘリパッドなどの近くでは、県道上空などの民間地でオスプレイが低空飛行する様子がたびたび確認されている。政府はオスプレイの沖縄配備前に安全性を説明した際、飛行の最低高度を日本の基準が定める「地上５００フィート（約１５０メートル）以上」と明示した。だが添付の日米合同委員会の「覚書」でこうただし書きがある。

「安全性を確保するために、その高度を下回る飛行をせざるを得ないこともある」

どういった状況が「安全性を確保するため」に該当するかは、米軍の裁量次第だ。

駐留の実像

２【主権及ばぬ空】

※訓練飛行ルート

ドイツは把握、日本は実態を把握できず

米軍普天間飛行場にオスプレイが配備された２０１２年、米軍が配備に伴い公表した「環境レビュー」にある地図が示された。日本列島に引かれた6本の線で、「グリーン」「オレンジ」などの名前が割り当てられた、米軍機による低空飛行訓練のルート図だった。「パープル」などの一部ルートは既に存在が知られていたが、公文書で明確に図示したのは初めてだった。

米軍が開示したこれらルートについて、防衛省は「訓練空域などとして官報告示されているものには含まれない」と説明する。では「訓練空域」でもない場所を米軍が堂々と「指定」し、日常的に飛行訓練は法的に認められるのか？　日本政府の姿勢は、曲折を経て〝後退〟を続けてきた。

１９７４年に山口県の無人島で発生した米海兵隊のヘリコプター墜落事故の翌75年には、三木武夫首相をはじめ政府は国会で、米軍に提供している施設・区域外での訓練は、日米安保条約に違反するとの認識を明確にした。だが79年の国会答弁では提供施設・区域外の訓練は、「協定の予想し

ていないところだ」と、わずかにトーンダウンした。じりじりと米軍への〝譲歩〟は続く。
　その後、政府は「基地間移動」や「基地への出入り」に伴う行為は認められるとしたが、基地から出た米軍機が提供区域外で訓練し、また基地に戻る事実などを指摘されると、さらに見解を修正した。現在は「日米地位協定は飛行訓練を、施設・区域でない場所の上空で行うことも認められる」（防衛省）という見解だ。結果、政府は実弾射撃など一部を除けば、米軍の提供区域外の飛行訓練を黙認している。

ドイツ国内のNATO軍による低空飛行時間の推移（単位：時間）

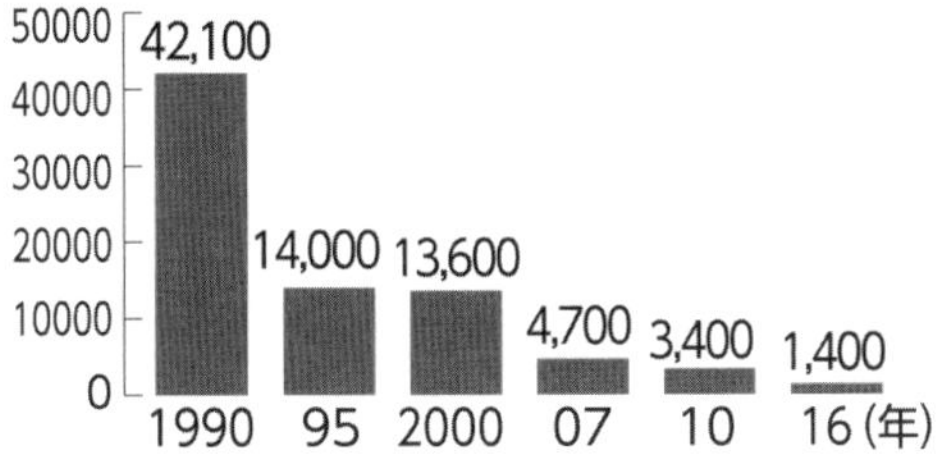

　同じく米軍が駐留するドイツではどうか。駐留の条件を定めた「ボン補足協定」では、指定された区域外で米軍が飛行訓練を実施するには、ドイツ国防相の「同意に従うことが条件」と定める。イタリアでも、二国間協定の「モデル実務取り決め」に基づき、米軍の飛行訓練にはイタリア軍の許可が必要だ。
　それは飛行訓練の実態把握にもつながっている。ドイツ国防省によると、ドイツでＮＡＴＯ軍（主に米軍）が実施した低空飛行訓練は、１９９０年には４万２１００時間だったが、95年には１万４千時間となり、２０００年代に入るとさらに激減し、16年には１４００時間にまで減った。
　ドイツ国防省は、「ドイツや欧州に配備される航空機の数が減ったことや、フライトシミュレーターの使用の増加、また低空よりも中域での飛行訓練を重視するようになった」と説明する。一方、日本はどうか。防衛省に国内での米軍機の低空飛行訓練の実態を尋ねたところ、「網羅的に把握できない。回数も分からない」という回答だった。

16年12月に名護市安部にオスプレイが墜落した事故では、事故報告書から米軍が公表した6ルートだけでなく、奄美にも飛行訓練ルートを設定していることが発覚した。もちろんそれも、日米が合意して米軍に提供した訓練空域ではなく、米軍が日本国内で一方的に引いた飛行訓練ルートだ。ルートの存在を報告書から発見した「リムピース」の頼和太郎編集長は、「奄美の人にも知らせずに実質的に訓練空域化している。取り決め以外の場所での訓練がどんどん拡大しているのではないか」と警鐘を鳴らす。

米軍の低空飛行訓練について政府は、「米軍は全く自由に飛行訓練を行ってよいわけではない。安全面に最大限の考慮を払い、地元住民に与える影響を最小限にとどめるよう申し入れている」としている。しかし飛行の実態も把握できず、米軍は日本政府の「許可」や「同意」も必要なしに飛行訓練を行える中、政府がどう「安全への考慮」を担保できるのか。

１９９９年8月13日の答弁書で、政府は次のような認識を示している。

「米軍は低空飛行訓練の実施区域を、継続的に見直していることは承知しているが、具体的ルートの詳細等については、日米合同委員会でも確認しておらず承知していないし、米軍の運用にかかわる問題であり、明らかにするよう米側に求める考えはない」

駐留の実像

2【主権及ばぬ空】

※嘉手納基地の夜間訓練

情報なくおびえる住民

航空情報が掲載される米連邦航空局のホームページ「ノータム」に２０１８年1月23日、米空軍嘉手納基地から夜間訓練が予告された。

時間は「午後6時半から午前1時」まで。訓練は日没後に始まり、夜間まで続いた。日米両政府は午後10時から午前6時までの時間帯に嘉手納基地の騒音を規制する「騒音規制措置（騒音防止協定）」に合意している。だが米軍は規制時間に大幅に食い込んだ時間を堂々と指定して訓練を繰り返している。事前や事後に、日本政府や地元自治体にその理由や日程を説明して理解を得るような義務は一切なく、協定は形骸化している。

この日の訓練は「ＮＶＤ」と呼ばれる。「Night vision devices（暗視機器）」の略だ。

隊員は暗視スコープと呼ばれる特殊な眼鏡を着け、滑走路を暗くし、無灯火で機体が飛行するなどして暗闇の中で地上の様子を確認する。事故のリスクが高まるだけでなく、その空の下で過ごす

嘉手納基地の騒音と事故への不安に悩まされている嶺井末子さん。幼少期には墜落事故なども体験した＝米空軍嘉手納基地前

住民にとっては、「目に見えない」不気味な騒音に包まれる恐怖を伴うものだ。

嘉手納町屋良に住む嶺井末子さん（65歳）は、18歳まで嘉手納で育ち、6年前に故郷に戻った。

「子どもの頃はジェット機の耳をつんざく音がすごかったのが印象に残っている。今は夜中の飛行機の音にベランダに出て空を見ても、機体が見えないこともある。なんというか、不気味で不快な音。一体何をしているのか」

嶺井さんにとって基地被害は騒音にとどまらない。小学生の頃に校庭で遊んでいると、嘉手納基地所属の飛行機が墜落する瞬間を目撃した。

遠くで「ダーン」という音が響き、間もなく黒煙が上がった記憶が残る。今も墜落現場に近づくと一刻も早く通り過ぎたくなる。

忘れもしないのは１９６８年11月19日未明のことだ。嘉手納基地内で米軍の戦略爆撃機Ｂ52が墜落した。

衝撃で「ぱらぱら」と自宅の屋根から粉じんが落ちた。家全体が、がたがたと震えた。子どもだった嶺井さんは「怪獣が来た」と思った。慌てて電灯をつけると、父親がこう叫んだ。

「戦争が起きたんだ。電気を消せ」

嘉手納基地のそばに住んでいると、「国際情勢が騒がしくなると、基地もうるさくなる」という〝法則〟が分かるようになった。現在も北朝鮮情勢を受けてステルス戦闘機Ｆ35Ａが暫定配備され、外来機の飛来はやまない。

「何かが起きたらこの場所が標的になる。でも基地の中にあるはずのシェルターに、私たちは入れないんでしょ」

せめてもの願いが静かな夜だ。秋には冷房をつけずに窓を開けて眠りたい、朝はドアを開けて朝日を浴びたい。

「でも開けられない。ＷＨＯ（世界保健機関）も、人間が健康に暮らすための騒音基準を定めている。だけど米軍基地には日本の法律も及ばず、健康に生きる権利さえも守られていない」

看護師だった嶺井さんはなおさらこの「基準破り」に憤りを感じる。

松井利仁北海道大学教授の推計によると、夜間騒音によって、嘉手納基地の周辺では約１万人が高度の睡眠妨害にさらされている。

昼夜を問わず鳴り響く激しい騒音や、正体の分からない不気味な音。

「国はＮＨＫの受信料補助なんかのアメは配っても、米軍の運用を止めることは全然できていないでしょ」

騒音問題について地元の首長や政治家、市民団体などが、政府や米軍に「騒音防止協定違反」を追及すると、協定は米軍の運用を縛るものではないという認識が返ってくる。そのニュースを見るたびに、嶺井さんはこうつぶやく。

「だったら協定を変えたらいいでしょ。主権国なんだから……」

■追跡取材　嘉手納基地騒音②

滑走路運用指示書入手　合意破りが前提

琉球新報は2017年12月31日までに、ヨーロッパの主要米空軍基地や米空軍嘉手納基地の基地司令官などが出した、騒音軽減措置の指示書を情報公開請求などで入手した。嘉手納では日米両政府が午後10時から午前6時の飛行を規制する騒音防止協定を締結しているが、米軍の指示書では夏場には午前0時までの飛行を認めている場合もあり、「合意破り」を前提とした運用実態が明らかになった。

一方、ヨーロッパでは深夜・早朝の通常訓練による飛行は原則として認めず、規制を免除できる離着陸の種類を具体的に挙げて絞り込んだり、受け入れ国の承認を必要としたり、外来機の飛来時に常駐機の運用に規制をかけるなど、より厳しく騒音を規制している。同じ米軍が駐留する国でも、運用に関わる指示内容に大きな違いがあることが浮き彫りになった。

日本では米軍機の飛行に国内法が適用されないが、イタリアやドイツでは、米軍の運用に国内法を適用する協定が結ばれている。

米軍の騒音防止指示書で取られている主な措置

 **イタリア** アビアノ空軍基地	▶深夜・早朝や週末の騒音規制時間の訓練飛行にはイタリア軍の許可が必要 ▶外来機の飛来で騒音が増大するのを避けるため、4段階に分けて滑走路の使用を規制する ▶米軍は飛行前日までに訓練計画をイタリア軍に提出歴史的建造物や礼拝所、観光地、人口密集地、市街地は低空攻撃の模擬標的に設定しない
 **ドイツ** ラムシュタイン基地	▶深夜・早朝の離着陸やエンジン調整は緊急性の高い任務、遺体や急患の搬送、飛行中の緊急事態による目的地変更に限る ▶その他、重要な緊急事態の場合には1日当たり6回の飛行を認める ▶視認進入による着陸は街や村の上空を避けて飛行する ▶滑走路東側から着陸する場合は高速道路の上を通り、市街地を避けて飛行する
 **イギリス** レイクンヒース空軍基地	▶規制時間の地元での訓練を目的とした滑走路の使用は禁止。規制除外の飛行はイギリス側司令官の許可が必要 ▶規制時間を逸脱した飛行は報告書を作成。報告書には規制を除外した日付、航空機の種類、除外せざるを得なかった合理的な理由を含む ▶外来機の飛来にイギリス政府側の事前承認を要する
 **沖縄** 嘉手納基地	▶午後10時から午前6時は作戦上の必要性がない限り、戦闘機の離着陸は禁止 ▶午後10時以降はできるだけ早く飛行を終える ▶2～4月、9～11月の平日には午後11時まで夜間暗視飛行訓練を認める。連続着陸は禁止 ▶5～8月の平日には午前0時まで夜間暗視飛行訓練を認める。連続着陸は禁止

イタリアの国内規制では、軍用機訓練は午後11時から午前7時まで禁止されている。一方、イタリア・アビアノ空軍基地の指示書によると、これよりも前後に1時間ずつ長い午後10時から午前8時を騒音規制時間に設定し、法規制以上の配慮をしている。深夜・早朝や週末に飛行する場合は、基地の管理権を持つイタリア軍の許可が必要となる。

また外来機が飛来した場合に通常よりも騒音が増えるのを避けるため、必要に応じて滑走路の運用を制限する。最も厳しい運用制限は、全てのエンジン稼働と離着陸を停止するという内容だ。

ドイツのラムシュタイン基地は、深夜・早朝の騒音規制時間中の離着陸やエンジン調整を認める特例は、大統領指示による緊急性の高い任務や急患搬送などとし、限定列挙方式で制限している。その他の「緊急事態」でも飛行を認めているが、1日当たり6回の上限を設けている。

ドイツの航空法は飛行場の運営者に周辺自治体と騒音対策を協議する組織の設置を義務付けている。軍用滑走路はこの義務を免除しているが、ラムシュタイン基地によると、法の趣旨に沿って「騒音軽減委員会」を設置し、地元自治体や騒音専門家の意見を通常の運用に反映している。レイクンヒース空軍基地などがある英国では、深夜・早朝の規制時間は地元での訓練を目的とした滑走路の使用を「禁止」している。

また①NATOや英国の任務と関係のない米本国の所属機、②5機以上の外来機、③爆撃機やステルス戦闘機などが飛来・展開する場合、英政府の承認を得る必要がある。

一方嘉手納基地では、外来機の飛来が相次ぎ、騒音被害が深刻化している。騒音防止協定も「できる限り」などの文言で規制があいまいなため、深夜・早朝の飛行が常態化している。

2015年3月27日に嘉手納基地司令官が出した「滑走路運用指示書」によると、日米両政府が結んだ騒音防止協定は、嘉手納基地では午後10時から午前6時の飛行を規制しているが、嘉手納基地の指示書は、夏場には午前0時まで暗視訓練に伴う飛行を「認める」と明記しており、騒音防止協定が形骸化している。

また指示書は午後10時から午前6時の「規制」の項目で「戦闘機は離着陸しない」とし、それ以外の航空機の離着陸は認めるような文言となっている。どのような場合には飛行を認めるかという具体的な条件も記していない。戦闘機の離着陸禁止も「運用上の必要性がない限り」と前置きし、飛行の余地を残している。

嘉手納基地の運用指示書に示されている主な騒音防止措置

- 午後10時から午前6時の着陸は（周辺地域の旋回を避ける）「ストレート・イン」方式を使い、タッチ・アンド・ゴーはしない
- 午後10時から午前6時は作戦上の必要性がない限り、戦闘機の離着陸は禁止
- 午後10時以降はできるだけ早く飛行を終える
- 2～4月、9～11月の平日には午後11時まで夜間暗視飛行を認める。午後10時以降の連続着陸は禁止
- 5～8月の平日には午後11時まで夜間暗視飛行訓練を認める。午後10時以降の連続着陸は禁止
- 3～9月には第1海兵航空団のヘリコプターは午後10時以降も着陸できる。離陸は午後10時50分までに行わないといけない

午後10時から午前6時の「規制」の項目では、注釈を「飛行運用をできるだけ早く終えること」とだけ記している。

騒音規制時間帯の飛行訓練を「認める」と明記しているのは、第353特殊作戦群、第33救難中隊、第1海兵航空団の航空機となっている。

米軍はヨーロッパにある基地では、深夜・早朝には通常飛行訓練の実施は認めなかったり、例外的に訓練をする場合に受け入れ国の許可を受けたりする手続きを導入している。英国では暗視訓練に伴う深夜飛行を例外的に認める場合も回数に上限を設けたりしている。

一方、嘉手納基地では「運用上必要」という米軍の裁量だけで、深夜・早朝にも通常の飛行訓練が実施できる仕組みになっている。

■解説　嘉手納騒音

在沖米軍に〝抜け道〟法規制できず

米軍の基地司令官などが出す航空機騒音の軽減措置に関する指示書について、ヨーロッパの主要基地は厳格な騒音規制の手続きを設け、米空軍嘉手納基地が出す指示書の内容とは大きな開きがあることが分かった。

日米地位協定やこれに伴う特例法によって、米軍の活動は「排他的管理権」の下、日本の国内法の制約を受けない。一方、ヨーロッパでは米国との二国間協定によって受け入れ国が米軍基地の管理権を持ったり、米軍の活動に国内法を適用したりしている。こうした違いが騒音対策という現場レベルの通達に落とし込まれ、二重基準の対応が出ていると言える。

ヨーロッパの米軍基地は騒音規制時間帯の「特例」的な飛行に厳格な条件を設けたり、外来機の飛来や深夜・早朝の飛行について、受け入れ国による許可制度を導入したりしている。

だが嘉手納基地の指示書は、騒音防止協定を逸脱する運用を前提とした内容となっており、特例的な飛行が認められる条件も明示されていない。ヨーロッパでは特例的な深夜・早朝飛行が「不可避」

だったのかを、事後検証する決まりもあるが、在日米軍基地ではそのような制度もない。

日米両政府は1996年、嘉手納基地や米軍普天間飛行場に関する騒音防止協定を締結した。だがこの協定は「運用上必要な場合を除く」とか、「できる限り」という文言が多用され、米軍にさまざまな〝抜け道〟を与えている。

この文言を米側が一方的に解釈し、騒音対策を骨抜きにした運用が行われても、日米地位協定によって、日本側がこれを法的に規制する手段はない。嘉手納爆音訴訟では深夜・早朝の航空機騒音レベルが「違法」と認定されてもなお、司法は米軍の夜間飛行を差し止めることはできないという判決を出している。

Saturday	patterns	OG/CC scheduling meeting	
0600-2200L (2100-1300Z) Sunday	Aircraft may takeoff or land for operational missions	All fighter operations require 18 OG/CC approval.	None
0600-2200L (2100-1300Z) US Holidays/ Local Days of significance	Aircraft may takeoff or land for operational missions	All fighter operations require 18 OG/CC approval.	Consideration will be given to minimize fight operations on days significant to the local community.
2200-0600L (1300-2100Z)	Straight-in arrivals to a full stop	No fighter arrival or departures, unless required for operational necessity. Multiple approaches not authorized.	Terminate flight ops as early as possible
0600-2300L (2100-1400Z) Mon – Fri (Feb-Apr & Sep – Nov)	The 33 RQS & 353 SOG are authorized to extend operations up to 2300L (1400Z) for NVD training	No multiple approaches after 2200L	When landing after 2200 terminate flight operations as early as possible
0600-2400L (2100-1500Z) Mon – Fri (May – Aug)	The 33 RQS & 353 SOG are authorized to extend operations up to 2400L (1500Z) for NVD training	No multiple approaches after 2200L	When landing after 2200 terminate flight operations as early as possible
2200-2250L	1st MAW Light Attack	Helicopters must depart no	- Coordinate requests

米空軍嘉手納基地の滑走路使用に関する司令官指示書。騒音防止協定では午後10時以降の飛行を規制しているが、午前0時までの飛行訓練を「認める」という記述などがあり、合意違反が前提となるような運用が行われている

騒音防止協定で改めて実効性を担保する文言を用いるか、米軍の運用に日本側の管理権や国内法が及ぶように日米地位協定ごと改定しなければ、米軍が「合意破り」を前提とした運用計画を、堂々と通達する有りようを止める法的手段はない。

駐留の実像

2【主権及ばぬ空】

※那覇空港離陸の旅客機

「魔の11分」脅かす米基地

那覇空港発・国内向けの便は離陸後に機首を西に傾けて北上したが、すぐにエンジン出力を下げ、しばらく低高度で水平飛行に入った。一般的には飛行機は離陸からエンジンをフルパワーに維持し、より高い場所に上昇し続ける。

理由は2つ。ひとつは騒音対策として地上から速やかに離れるためだ。そしてもうひとつは、飛行中にトラブルが起きた際に、「立て直し」を図る高度を〝稼ぐ〟ためだ。

だが那覇空港を離着陸する旅客機は、日本の民間空港で唯一この動作が禁じられている。高度約３００メートルより高い場所に、「見えない天井」が張り巡らされているからだ。

「クリティカル・イレブン・ミニッツ（重要な11分）」、または「魔の11分」と表現される言葉がある。航空機事故のほとんどは離着陸に要する11分間に発生することを示している。冒頭の一般的な離陸手順も、この「魔の11分」の危険性を低減する措置だ。

民間機が那覇空港を離陸後、低高度を飛行しながら見える景色。上空には米軍機が飛ぶ空域があるため、しばらく千フィート以下での飛行を強いられる＝2018年1月26日

那覇空港でなぜ通常の離陸手順を踏めないのか。それは米空軍嘉手納基地と米海兵隊普天間飛行場の離着陸機のために担保された、「アライバル・セクター」という空域が存在するからだ。国土交通省はアライバル・セクターの存在を公には認めていない。だがこの空域は嘉手納基地の滑走路を中心に、南北への長方形で広がっている。600〜1500メートルの高度にあり、冬には西側、夏には東側に約50キロにわたる。那覇空港を離着陸する旅客機は、米側の許可なくこの空域に入れない。

2010年3月、嘉手納基地内にあった進入管制区域・嘉手納ラプコンが返還され、沖縄を離着陸する民間機の管制権が日本側に移った。「空の主権回復」とされたが「米軍優先」の構造は温存された。

1975年5月8日に結ばれた日米合同委員会の「航空交通管制に関する合意」は、米軍機に航空管制上「優先的取り扱い」を与えると定めた。嘉手納ラプコンの返還後も、沖縄上空に設けられた「アライバル・セクター」の存在は、それを具体化する仕組みだ。

この低高度飛行問題に対しては、官民の航空関係労組でつくる航空安全推進連絡会議も「多くの運航乗務員が不安を感じている」とし、「高度制限の撤廃やそれにかかる軍事空域の削減」を国に要請してきた。同会議沖縄支部の野田昭洋議長（航空機操縦士）が特に指摘する問題は、風向きや風速が急変するウインド・シアーへの対処だ。

「ウインド・シアーになると、操縦席で回避操作を求める警報が鳴る。追い風になると機体が浮く力がどんどん失われるため、エンジン出力と高度を上げる必要がある。しかし(那覇では)千フィート（約300メートル）までしか上げられない状況が離陸後しばらく続く」

一方、航空関係者によると、近年は海外のＬＣＣ（格安航空会社）進出も相次いでおり、那覇空港の事情を熟知しないパイロットが、「うっかり」と離陸後すぐに高度千フィート以上まで上昇しようとし、アライバル・セクターを通る米軍機との衝突を懸念した管制が、慌てて止める事例も起きている。そのアライバル・セクターは、実は那覇空港で運用されている。だがこの空域を扱う管制席に座るのは国土交通省職員ではなく、米軍属2人だ。日米合同委員会合意にのっとり、アライバル・セクターの運用を優先した上で、民間航空機の交通を整理している。

ある日本側管制関係者はこう指摘する。

「米軍機を優先して日本の民間航空を制限し、リスクにさらしている。嘉手納ラプコンは返還されたが、実態は変わっていない」

2【主権及ばぬ空】

※悪天候時の那覇空港離陸

米軍訓練で雷雲の回避困難に

積乱雲が急速に発達しやすい沖縄の夏や秋。那覇空港を離陸する便の大半を占める県外向けの民間機はいったん南に向かい、海上に出てから左に転回し、沖縄本島東側の沿岸部を北上する。

その際、前方に時折立ちはだかるのは雷雲だ。そのまま突入すれば機体は激しく揺れ、最悪の場合は故障を引き起こす。操縦士は雷雲を避けて飛ぶ必要があるが、まず西側の陸域上空はできるだけ飛行を避ける。そこで東側の洋上に進路を取ろうとしても、実はそこに「立ち入り禁止ゾーン」が存在する。

米軍の訓練空域だ。

特に飛行の支障となるのは、本島東側に広がる訓練空域「ホテル・ホテル」「マイク・マイク」「アルファ」だ。本島の東海岸とこれら米軍訓練空域の「幅」は、狭いところで10マイル（約16キロ）ほどだ。民間操縦士はこの状況を「平均台を渡り歩くようにほっそりしたコースを飛ぶ」と表現する。

那覇空港を離陸する民間機＝2018年1月28日

目前の雷雲を避けようにも、米軍訓練空域がある東側には機首を傾けることができない場合、やむなく西に大きく遠回りせざるを得ない。だがその分、時間も燃料費も余計にかかる。

官民の航空関係労組でつくる航空安全推進連絡会議は政府への要請で、那覇空港発着便について、「米軍訓練空域によって、悪天候空域を回避できないといった不安全事象も生じている」と懸念を表明し、改善を求めてきた。国土交通省は「米側との間でできるだけ事前に調整する」と応じているが、負担は変わっていない。

民間航空機は離陸のおよそ30分前には、操縦士も乗客と同様に、電子機器の通信を落とさなければならない。そのわずか30分で天候が目まぐるしく変わることもある。

航空安全推進連絡会議沖縄支部の野田昭洋議長は、「天候は時々刻々と動く。飛行中は素早く柔軟に対応する必要がある」と説明する。

飛行機自体も猛スピードで進むだけに、進路上の悪天候を回避するために与えられた時間はわずか数分のこともある。

「米軍の訓練空域に入れないかと管制にリクエストしても、『調整するので3~5分待ってくれ』と言われる。ただ現場を飛んでいる側には、それくらいの時間はもう厳しい」と、野田議長は説明する。

操縦士が米軍訓練空域の通過許可を要求すると、那覇の管制からは「米側と調整中」と伝えられるが、操縦席では訓練空域が、なお「ホット（使用中）」と表示されている。

「やはり入るとまずいか」――ぎりぎりのところで次善の策を取らざるを得なくなる。

一方、日本側の管制関係者は、「やむを得ない緊急時は民間機が訓練空域に突っ込むこともある。管制としてはそれを『許可』できないが、軍用の緊急周波数を使って空域の中で訓練をしていると思われる米軍機に、その情報を『一方通告』する」と説明する。

「だが、あくまでパイロット個人の判断という位置付けだ。仮に中で事故が起きた場合、操縦士の責任になりかねない」と、不安を明かす。

航空安全推進連絡会議は、悪天候など緊急時における米軍空域の「部分開放」などを求めてきた。野田議長は「民間航路に近い一部の区域でも開放する仕組みが構築されていれば、いざという時は事前の申し合わせですぐにその空域に避難できるはずだ」と、その背景を説明する。

しかし実際には米軍の「同意」なくして、日本側が米軍訓練空域の運用ルールを決めることはできない。

もしくは米軍の訓練空域をより沖縄本島から離し、那覇空港を発着する民間機の航路から遠ざければ、民間機が運航する「道幅」は広くなる。

だが航空関係者は、「その場合、米軍が嘉手納基地や普天間飛行場と訓練空域を往復する時間が増える。米軍はなるべく沖縄本島に近い場所で訓練空域を確保したいだろう」と解説する。

結局、「米軍優先」の区域割り当ての結果、民間機がリスクを背負いながら細い経路を飛行するしわ寄せが続いている。米軍によって「立ち入り」が制約されている場所は、地上の基地だけでなく空にも広がり、安全を脅かしている。

駐留の実像

2【主権及ばぬ空】

＊訓練空域で遠回りする旅客機

ドイツは民間第一、日本は米軍最優先

那覇空港から久米島空港を直線で結ぶと、その進路を米軍訓練空域が遮る。この区間を直線で飛行すれば16分で到着するが、実際は25分かかる。訓練空域を避けた経路「ドリス」を飛ぶ必要があるからだ。

那覇―上海便も本島西側に米軍訓練空域があるために迂回《うかい》を余儀なくされている。那覇―福岡と那覇―上海はほぼ等距離にある。だが移動時間で見ると那覇―福岡は約1時間半で、那覇―上海は約2時間と30分の違いが出る。

旅客機の燃料費は小型ジェットの場合、1分で約5千円である。航空整備員は地上での作業中にエアコンを消すなどして燃料費削減に努めているが、一方では米軍訓練空域を避けるために遠回りした分だけ余計な費用がかさむ。

国土交通省は那覇空港到着便の「標準経路」を設定している。北からの標準到着経路は、伊江島の西をかすめて那覇に南下する。この経路は米軍伊江島補助飛行場空域の中を通るように引かれている。しかしこの空域が「使用中」となっている場合、那覇の管制がパイロットに次の指示を出す。「機首を西に傾けよ」――もちろん訓練空域を避けて大回りするためだ。

だが実は日米両政府は１９８５年、上空５千フィート以上を飛ぶことを条件に、那覇到着の民間機に伊江島訓練空域の航行を認めることで合意している。これには背景がある。同じ時期に沖縄本島東側の「アルファ空域」を米軍に新規提供することで日米が合意したため、「負担増」と反発が上がった。その〝取引条件〟の意味合いで、伊江島空域の一部を開放したのだった。

しかし数年もたたないうちに米軍は伊江島の航行を拒むようになった。

現在、伊江島訓練空域を米軍が使用する場合、高度１万５千フィートまでが進入禁止となる。この空域を主に使用しているのは米海兵隊で、パラシュート降下訓練などを実施している。

日本の管制関係者は、「降下訓練は普通、数百フィートの高度で行っている。５千フィート以上に民間機を通しても運用に支障はないはずだ」と指摘する。「合意が守られないならば、85年に提供されたアルファ空域は返還すべきだ」と強く批判する。

米海兵隊によると沖縄周辺での飛行訓練は通常、１５００フィート以下の高度で実施している。降下訓練も普通はこれより低い場所で行うが、海兵隊側は「１万フィートから降下訓練をすることもある」と〝予防線〟を張る。

しかし通常は１５００フィート以下で訓練しているのに、その10倍もの範囲に及ぶ空域を日常的に押さえ、民間機を遠回りさせる合理的な理由は説明されていない。

同じく米軍が駐留するドイツでは、駐留条件を定めた「ボン補足協定」に基づき、たとえ訓練空域内の訓練でも、米軍はドイツ側の「承認」を得る必要がある。

手続きはこうだ。米軍は訓練の前日までに「ドイツ航空管制（DFS）」に訓練空域の使用申請を出す。申請が認められれば、訓練空域への民間機の立ち入りは制限される。一方、申請を受けた段階でDFSは「民間航空を第一に考えて」空域調整に入る。民間の運航スケジュールに支障が出る場合は、米軍に対して訓練の時間をずらすなどの代替案も提示する。

日本の場合、米軍は日本政府から飛行訓練の「承認」を得る必要はなく、訓練計画も出さなくていい。そのため日本政府は空域使用の実態も把握していない。結果、日常は訓練で使っていない範囲までも押さえる、米軍の〝言い値〟で空域が使用され、交わされた合意も有名無実化している。
日米地位協定の国際比較を目的にドイツを訪問し、管制の運用状況を確認した沖縄県の担当者はこう指摘した。
「日本では米軍の訓練が最優先され、民間航空が制限されている。主客転倒だ」

■追跡取材　伊江島訓練空域の飛行

85年合意の形骸化　民間機は大きく迂回

1985年に日米両政府が、米軍伊江島訓練空域の上空5千フィート（1524メートル）以上の飛行を、民間航空機に認めると合意したことについて、在沖米海兵隊は2018年3月29日までに、訓練空域が「使用中」である場合は航行は認めないとする認識を示した。日米合意が形骸化していることが改めて浮き彫りになった。85年の合意が有効かどうかについての言及はなかった。沖縄県外から那覇空港に着陸する国内便は、伊江島訓練空域を迂回せざるを得なくなっている。

米海兵隊は、「伊江島訓練空域で軍事行動が取られていない時には、民間機による上空飛行は規制されない」とした。

一方で「空域が使用中の場合、管制官が周辺の民間機に進路変更を指示する」とし、高度5千フィート以上であっても航行は認められないとの認識を示した。

民間機による伊江島訓練空域の上空飛行については、1985年3月の衆院予算委員会で、運輸省（現国土交通省）航空局長が、那覇到着便に対して5千フィート以上の飛行を認めることで米側と合意したと説明した。

米軍は伊江島訓練空域では通常低高度で訓練しているため、5千フィート以上であれば訓練空域が使用中でも、米軍の運用に支障なく民間機を通すことができることが背景にあった。

国会答弁で運輸省は、85年4月からこの合意を実施すると説明していたが、航空関係者によると、その数年後には再び上空飛行が禁止されるようになった。

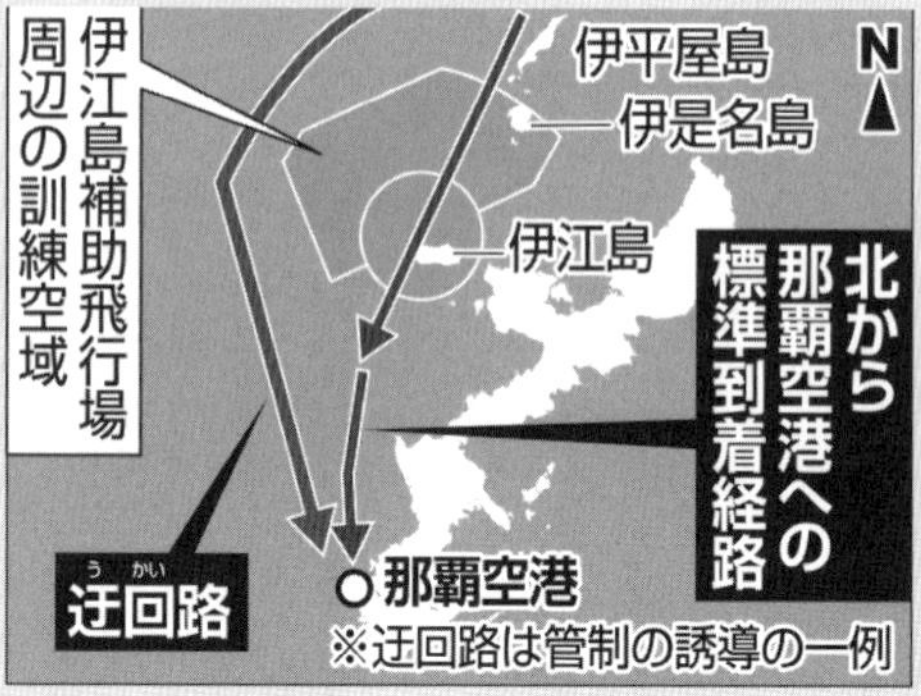

現在、伊江島訓練空域は高度1万5千フィートまでを進入禁止としており、訓練場が「使用中」の場合は、北方面から那覇空港に着陸する民間機は、管制の指示に従ってこの空域を避けて大回りしている。

航空関係者によると、迂回が常態化している。

一方、国土交通省那覇空港事務所は18年3月28日、米側の見解について、「日米両政府の同意がない限り、合意があるかないかも含めてお話できない」とした。

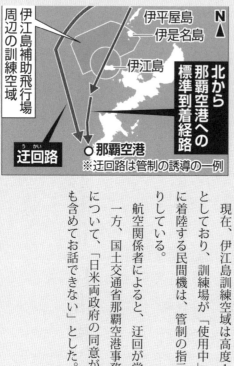

駐留の実像

2【主権及ばぬ空】

✻米軍訓練空域拡大

国はあくまで「自衛隊用」

沖縄本島の南東から北東に走る航空路「Z31」、これは2016年1月7日に設定された比較的新しい航路だ。以前は「R583」という別の呼び名だったが廃止された。

新たな航路名には特徴がある。「Z」で始まる航路は、自衛隊や米軍の訓練空域の中を通ることを意味するからだ。ただ、訓練空域が「有効」になっている間は民間機の航行は禁止される。

一方で不思議なことに「Z31」の進路上に、米軍や自衛隊の訓練空域は見当たらない。しかしそこには「見えない訓練空域」が存在している。「Z31」上に訓練空域が何も記載されていないことについて、国土交通省に何らかの訓練空域が存在するのか確認すると、「自衛隊臨時訓練空域」と回答があった。常時提供の米軍訓練空域などと異なり、航空路誌には記載されていない。

民間航路「R583」が廃止され、「Z31」に変わったのは、この臨時訓練空域が設定されたわずか1カ月後だった。「臨時」という表現とは裏腹に、使用は常態化し、民間機が基本的に通れない状態になったことを意味していた。

そして「R583」が廃止されたことで、台湾方面から米西海岸方面に向かう国際便などが、迂回を余儀なくされる事態が起きたのだった。国土交通省によると、R583に代わって設定された「Z31」は、空域内で訓練が行われていない時間帯とみられる、「夜間」にしか民間機を航行させていない。

「車の運転とイメージは一緒。最短距離を直線で通った方が当然パイロットの負担は少ない。迂回すれば管制とのやりとりや操作が増え、時間と費用も多くなる」

ある管制関係者はこう解説する。

新設したこの「自衛隊臨時訓練空域」の名称にも、ある特徴が存在する。

通常、自衛隊の訓練空域名は、「X17」などアルファベットと数字を組み合わせたものになっている。だが国土交通省は航路の「Z31」が中を通る「自衛隊臨時訓練空域」の名前について、アメリカヘラジカを意味する「MOOSE（ムース）」だと回答した。

英単語は通常、米軍が使う臨時訓練空域「固定型ALTRV（アルトラブ）」の名前に用いられる。複数の航空関係者は、この空域について「日常的に米軍が使っている」と明かす。

「MOOSE」が新設された15年12月、沖縄周辺で「TIGER（タイガー）」「EAGLE（イーグル）」なども新しく設定された。

これらの範囲は、既存の米軍訓練空域のほとんどを内側に抱え込む広さで、総面積は既存空域の

1・6倍程度に及ぶ。内側では空中警戒管制機（AWACS）も飛び、さらに空中給油も行いながら、長時間にわたり訓練を実施している。管制関係者やパイロットに公開される航空情報も、これらの空域で米軍が訓練すると告示している。

実際、米空軍が16年に作成した文書はこれらの臨時空域が、米軍の使用する「アルトラブ」だと明記している。国土交通省はこの臨時訓練空域は、あくまで「自衛隊用」だと説明する。米軍の文書をもとに国土交通省に訓練空域の使用状況を確認したところ、次の回答が返ってきた。

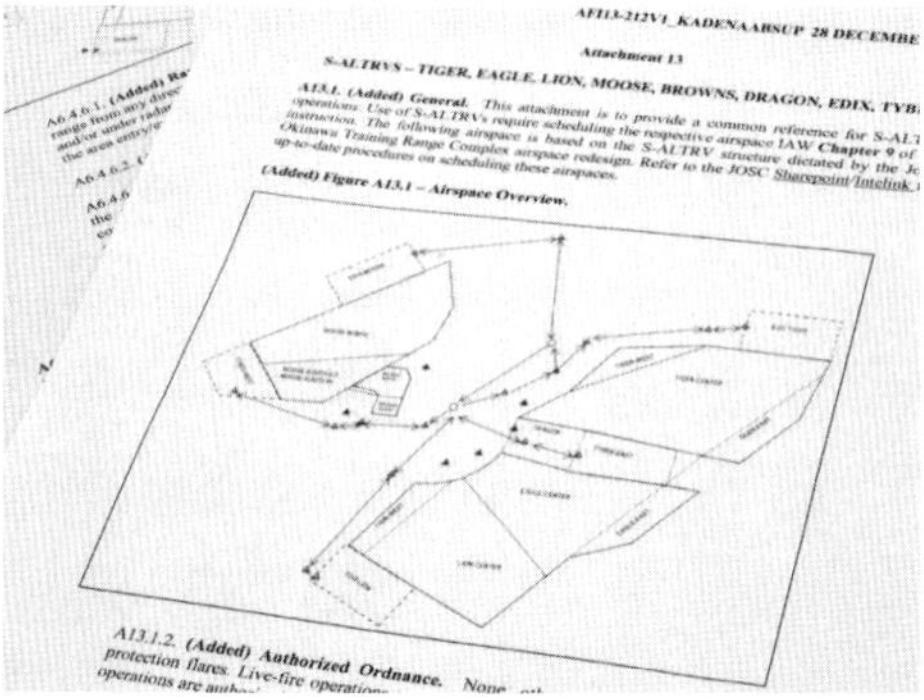

沖縄周辺に設定された米軍のアルトラブ（臨時訓練空域）について説明する米空軍の資料。国土交通省は空域を「自衛隊用」と説明するが、「ＴＩＧＥＲ」など米軍用の名前の付け方となっている

「文書は米軍のもので、当方では承知していない。文書の内容についてもコメントできる立場にない」

だがある国土交通省関係者はこう明かす。

「設定前から、米軍が使用することを前提として調整が進んでいた。沖縄の周辺では今でも米軍の訓練空域が集中しているのに、既存の民間航路をつぶしてまで米軍が使う訓練空域を新設する対応は、常識的にあり得ない、という議論が内部であった」

駐留の実像

2【主権及ばぬ空】

✻主体性なき訓練空域管理

国、米軍使用把握せず

「TIGER」「MOOSE」「EAGLE」「DRAGON」――米空軍が作成した資料によると、２０１５年12月に沖縄周辺で一斉に設定されたこれらの「臨時訓練空域」は、米軍用に設けられた臨時空域「アルトラブ（ALTRV）」だ。

しかし国土交通省は、これらは「自衛隊用臨時訓練空域」だと説明する。

訓練空域の基本情報であるはずの「使用者」が、空域行政を担う国土交通省の認識と米軍の資料で食い違う異様な状況だ。一体どうなっているのか、米軍による空域使用の有無を国土交通省に確認したところ、「把握していない」と説明した。その後、実際に発出している航空情報で、米軍がこの空域を使用すると記されている点を確認すると、国土交通省は「（米軍に）空域を使用する許可は出している。中で誰が何をしているかは把握していないという意味だ」と釈明した。

15年12月の「アルトラブ」新設について、沖縄県の金城典和基地対策課長は、「政府からの情報提供は一切ない」と説明する。

「県は米軍の飛行訓練は全て訓練空域の中で行うよう求めてきた。情報提供もないので、県としては当然そのアルトラブが『訓練空域』だとは理解していない。なのでその場所で訓練するのを容認したわけではないというよりも、それ以前の問題だ」と、不信感を募らせる。

臨時訓練空域の米軍による使用を、国土交通省が把握していないとしている点について、沖縄県幹部は「イタリアやドイツの例とは違い、日米地位協定では日本側が米軍の飛行訓練を事前に承認する仕組みが全くないからだ」と指摘する。さらに「政府が自国の空域を十分に管理できず、米軍優先で民間機が不便を強いられているのではないか」と述べた。

訓練空域の管理については最近、ある新たな方式が導入された。16年11月に米軍岩国基地周辺で新設された岩国臨時留保空域、別名「ＩＴＲＡ」だ。ＩＴＲＡは米軍厚木基地からの空母艦載機移転に伴い、岩国周辺の空域を見直すとした日米合意に基づき、米軍や自衛隊が使う

米空軍嘉手納基地に暫定配備されているＦ３５Ａステルス戦闘機。航空関係者によると沖縄周辺の米軍訓練空域では嘉手納基地所属機だけでなく外来機も訓練を繰り返している＝2017年12月、嘉手納町

臨時訓練空域を新設したものだ。その枠組みは国土交通省が空域を一元管理する点に特徴がある。国土交通省は自衛隊に空域の使用を認め、さらに自衛隊は米軍にも空域使用を認める。管理者である国土交通省は空域の使用状況を把握し、訓練日程が空いた際には空域規制を「消滅」させるため、民間の旅客機も自由に航行できる。日本側が細かく日程を把握して弾力的に運用するため、国土交通省は「アルトラブとは異なる仕組みだ」と説明する。

一方、これにならった形で、沖縄周辺でも米軍の訓練空域や臨時空域も国土交通省が一括管理する「ＯＴＲＡ」という構想がある。「Ｏ」は「ＯＫＩＮＡＷＡ」の頭文字だ。だが国土交通省によると、米軍訓練空域の取り扱いという「既得権」を巡る調整などがあり、導入のめどは付いていない。

結局、沖縄では既存の米軍訓練空域との関係も整理されぬまま、15年12月に広大な範囲で米軍のアルトラブが新設され、なし崩し的に米軍空域が拡大した。

国土交通省が訓練空域を「自衛隊用」だと表向き説明する点はＩＴＲＡと類似しているが、実際は米軍が専用的に使用できるアルトラブとなっており、さらに国土交通省が米軍の使用の有無さえ、「把握していない」とする点では、全く異なる。

政府はＩＴＲＡを新設する時には地元の山口県に内容を説明したが、15年12月の沖縄周辺でのアルトラブ新設は地元に一切説明せず、さらに当初は取材に対して空域の存在すら否定していた。日本による空域管理という主権の問題や透明性は「後退」したまま、事実上、空域が追加提供された。「負担軽減」は遠のく一方だ。

駐留の実像

③【ブラックボックス】

＊ヘリ墜落現場の土壌調査

事故後7カ月の空白　米調査、確認のすべなく

ようやく認められた事故現場の土壌採取である。

２０１３年８月に宜野座村《ぎのざそん》の米軍キャンプ・ハンセン内に、米空軍嘉手納基地所属のＨＨ60ヘリコプターが墜落してから7カ月後、沖縄県環境部の担当者らが基地内に立ち入ったのは、年をまたいで14年3月17日になっていた。

県は墜落による汚染を確認するための土壌採取を、米軍に「許可」された。しかし米軍はこの2カ月前には事故当時の土を撤去し、新たな土に入れ替えていた。

「県の調査でもヒ素や鉛は検出されたが、事故直後の土は既に取り去られ、事故由来かは判断できなかった」

沖縄県環境部の担当者は顔を曇らせた。

米軍は事故の約半年後、日本の土壌汚染対策法で定める環境基準値の74倍の鉛、21倍のヒ素が現

宜野座村の米軍キャンプ・ハンセンでＨＨ６０ヘリが墜落した現場。すぐそばに大川ダムがあるが、日本側の土壌調査は認められず、村は１年にわたり取水を止めるなど混乱が続いた＝2013年8月10日

場から検出されたと発表した。

一方で日本側は、それらの結果が果たして正しいのか、自ら確認するすべはなかった。地元宜野座村も事故4カ月後に現場立ち入りを米軍に認められたが、環境調査は拒否され、現場を写真撮影するしかなかった。

事故の混乱は長期化した。墜落現場から70メートルの場所に村が管理する大川ダムがあったからだ。現場周辺の土壌汚染がもたらす危険性をぬぐえないとして、村は事故後すぐに大川ダムの取水を停止した。県による土壌調査の結果が出た後の14年8月、取水は再開された。事故から実に1年後のことだった。

さらに大川ダムの取水停止に伴い、宜野座村は不足分を補うために利用した送水ポンプの電気代や調査費など､約７００万円を負担した。村はこの費用の補償を政府に求めたが、補償が決まったのは、事故から４年がすぎた17年10月だった。琉球新報が補償に関する検討状況を沖縄防衛局に質問した直後だった。

防衛局は４年を要した理由について、「米国との調整に時間を要した」と説明した。日米地位協定は、在日米軍が公務中に起こした事故で第三者に損害を与えた場合、米政府がその75％、日本政府が25％を補償することとしている。

しかし被害を受けた宜野座村への補償に４年もの歳月がかかった日米の協議過程は、一切明らかにされていない。

この墜落事故のおよそ４年前の09年10月15日付で、在日米大使館が作成した機密公電を、内部告発サイト「ウィキリークス」が公開している。公電には米軍普天間飛行場の名護市辺野古移設を巡り、日米両政府高官が対応を話し合った様子が記録されている。

当時、辺野古移設計画を検証するとしていた民主党政権に対し、現行計画を進めることを前提に、米軍基地の環境問題を巡る新たな取り決めの締結に、「柔軟な姿勢を示せる」とキャンベル米国務次官補（当時）が述べた。それに対して高見沢将林防衛政策局長（同）が、こう〝警告〟したことが記されている。

「米政府が柔軟な態度を示せば、地元がより基地への立ち入りを求め、環境汚染を浄化するコストを背負いかねない」

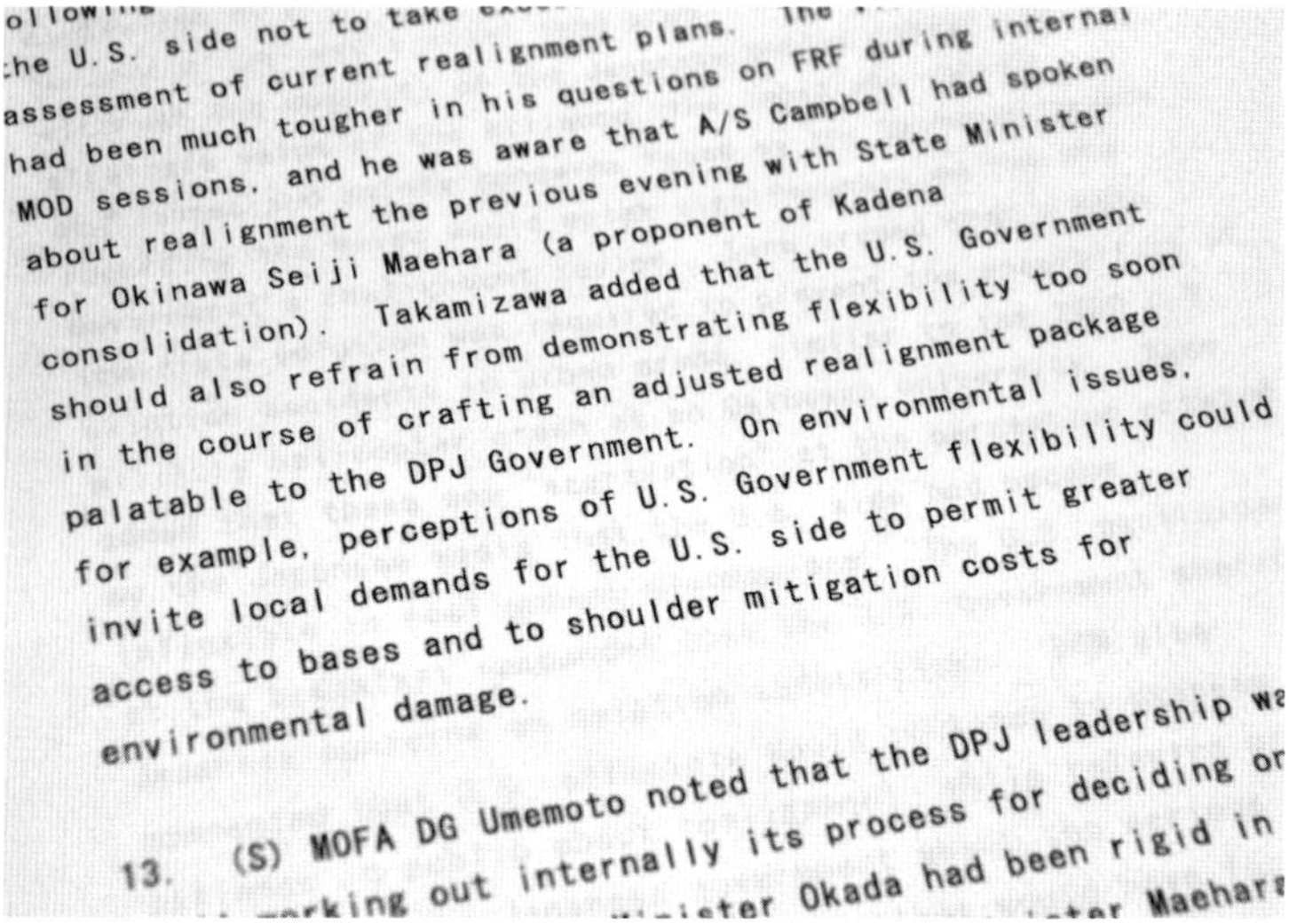

the U.S. side not to take exc... The
assessment of current realignment plans.
had been much tougher in his questions on FRF during internal
MOD sessions, and he was aware that A/S Campbell had spoken
about realignment the previous evening with State Minister
for Okinawa Seiji Maehara (a proponent of Kadena
consolidation). Takamizawa added that the U.S. Government
should also refrain from demonstrating flexibility too soon
in the course of crafting an adjusted realignment package
palatable to the DPJ Government. On environmental issues,
for example, perceptions of U.S. Government flexibility could
invite local demands for the U.S. side to permit greater
access to bases and to shoulder mitigation costs for
environmental damage.

13. (S) MOFA DG Umemoto noted that the DPJ leadership wa
working out internally its process for deciding or
Minister Okada had been rigid in
Minister Maehara

「ウィキリークス」が公開した米機密公電。在日米軍基地を巡る環境保全問題について、米側が「柔軟な姿勢」を見せると、地元の立ち入り要求と環境汚染の回復コストを招くとして、日本側官僚が慎重姿勢を求めたと記録されている

元環境官僚で、過去に防衛省に出向して環境対策室長を務めた経歴を持つ世一良幸氏は、「環境問題の解決はまず実態を調べ、科学的で適切な対処を取ることに尽きる。事故の当事者以外の専門家が汚染物質や量、周辺の地形などを調べ、起こりうるリスクを予測し、予防策を取る。そのための立ち入りは基本中の基本の作業だ」と、強調する。

その上で、米軍基地の環境汚染を巡る政府の姿勢について、「地元で政治的な問題になることや米国の対立を避けることばかりを考え、『臭い物にふた』をする対応を続けてきた」と、振り返った。

■追跡取材　基地の環境保全取り決め

元防衛省局長、米側の前向き姿勢阻む

２００９年に開かれた日米両政府の局長級会合の場で、米軍基地の環境保全に関する新たな取り決めについて米側が、「柔軟な姿勢を示せる」と前向きな提起をしたにもかかわらず、日本側の官僚が米政府に慎重姿勢を取るよう促していたことが、２０１８年5月11日までに分かった。内部告発サイト「ウィキリークス」が公開した米機密公電によると、当時防衛省防衛政策局長だった高見沢将林氏（現日本政府軍縮大使）がキャンベル米国務次官補（当時）に、「米政府が柔軟な態度を示せば、地元がより基地への立ち入りを求め、環境汚染を浄化するコストを背負いかねない」などと述べていた。

琉球新報は高見沢氏に発言の有無や意図を質問したが、回答は得られなかった。

米軍基地で環境事故が起きるたびに、地元市町村や沖縄県は立ち入り調査などを求めてきたが、米側が日米地位協定に基づく排他的管理権を盾に拒む事態が相次いできた。これに加え、日本政府も基地を抱える地元の意向に反するような対応を、米側に促していた。

ウィキリークスが公開している公電は、09年10月15日付の在日米大使館発だ。米軍普天間飛行場の移設問題を巡り、10月12、13日に開かれた日米両政府の公式・非公式会合の内容を記録している。会合は当時の民主党政権が、普天間飛行場の名護市辺野古移設計画を検証するとしていたことを受けて開かれたと書かれている。

米公電によると、長島昭久防衛副大臣（当時）がキャンベル氏らに対し、普天間飛行場を辺野古に移設する場合は、①嘉手納基地の騒音軽減、②普天間の危険性除去、③日米地位協定に関係した環境保全策の強化を併せて進めるべきだと、提言した。

環境保全の取り決めは、ドイツや韓国が米国と締結している協定が「先進事例」になるとしていた。キャンベル氏らは日本が現行移設計画を進めることを前提に、これらに「柔軟な姿勢を示せる」と応じたと記録されている。

しかしその後、長島氏らを除いた昼食会合の場で高見沢氏が米側に対し、早期に「柔軟性」を示すことは控えるよう求め、その理由の一つとして環境問題に触れ、基地立ち入りに関する「地元の要求」を高めかねないとの懸念を伝えたと記録されている。

この発言が事実かどうかについて防衛省は琉球新報の取材に対し、「日本政府としてはウィキリークスのように不正に入手、公表された文書にはコメントも確認も一切しない」と、回答した。

駐留の実像

3【ブラックボックス】

＊ドイツの基地立ち入り権

緊急時は事前通告も不要

「これが基地への立ち入りパス。正当な理由、つまり公務であればいつでも入れる。これまで立ち入りを拒まれたことはない。トウェンティーフォー・セブン（週7日、24時間）有効だ」ドイツにある米空軍ラムシュタイン基地に隣接する、ラムシュタイン＝ミューゼンバッハ市のマーカス・クライン副市長は、パスカードを見せながらこう言い切った。

ドイツでは米軍の駐留条件を定めた「ボン補足協定」が、１９９３年に改定され、受け入れ国による基地への立ち入り権が明記された。立ち入りは連邦政府だけでなく、地方自治体にも認められる。立ち入りは通常は事前通告後に行われるが、緊急時は「事前通告なしに直ちに入ることができる」と規定されている。

立ち入りは「軍事上の安全に必要とされる諸要請」を考慮するという規定もあるが、考慮するのは、「特に秘密保持の下に置かれた区域、装備および文書の不可侵性」と対象を示しており、米軍

米空軍ラムシュタイン基地への立ち入りパスを見せ、「公務であればいつでも基地に入ることを認められている」と説明するラムシュタイン＝ミューゼンバッハ市のマーカス・クライン副市長＝2017年10月

が漠然とした理由で立ち入りを拒むのは難しい仕組みになっている。

　実際の運用状況はどうか。ドイツ国防省の広報担当者は、「連邦職員は公務を遂行するためであれば、常に立ち入りを認められている」との認識を示した。

　93年のボン補足協定改定のもうひとつの大きなポイントは、米軍基地内にもドイツの国内法、とりわけ環境関係の法規制を「完全に適用」（ドイツ国防省）することだ。日本では米軍は国内法を「尊重」すると日米地位協定でうたわれているが、「適用」はされない。

　国内法が「適用」されるドイツでは、米軍基地内で環境事故が起きた場合、どう対応するのか。ドイツ国防省によると、汚染の調査・除去は通常、米軍が「自らの責任」で行い、費用も米軍が負担する。これらはドイツ当局と「協力」して行う。

　ドイツ政府の環境担当者は、米軍の調査や除去作業がドイツの法律に適合しているかをチェックする。その「公務」を理由に基地内への立ち入りを保障される枠組みだ。

ラムシュタイン基地に近いヴァイラーバッハ市のアーニャ・ファイファー市長は、「通常、基地で周辺に影響が及ぶ環境事故が起きた場合、市のレベルでは立ち入りはしていない」としつつ、「州や連邦政府の適切な環境当局が立ち入り調査を行うので、市が汚染状況を把握できないことはない」と説明した。

基地内に国内法を「適用」することと、「尊重」にとどまることの違いについて、世一良幸防衛省元環境対策室長は、次のように指摘する。

「環境の規制は法律や基準だけでなく、通達や施行規則などさまざまな体系となって効力を持つ。『適用』の場合は、受け入れ国側が規制を厳格に運用できるが、『尊重』にとどまる場合、法の最終的な裁量権は米軍にある。結局、米側の一方的かつ好意的な取り組みに期待するだけだ」

日米間でも日本環境管理基準（ＪＥＧＳ）に沿って、米軍は環境に関する日米の基準のうち、より厳しい方を用いて環境保全策を取ることとされている。ＪＥＧＳは規制対象となる有害物質や基準値などを詳細に定めている。

しかし「実際にそれをどう運用しているかは別の問題で、米軍任せ」（世一氏）なのが実態だ。世一氏は、「国内法が適用された場合、専門家を擁する環境省が法の運用を所管でき、法が守られているかを詳細にチェックできる。法に照らして検討することで法律の不備も見えてくる。ドイツなどのように国内法を適用し、その上で防衛施設という特性を踏まえた限定的な形の適用除外を考える余地はあるだろう」と指摘した。

駐留の実像

3【ブラックボックス】

＊イタリア軍の基地管理

制限なく立ち入り可能

ＮＡＴＯ地位協定を根拠に米軍が常駐する基地でも、受け入れ国が「管理権」を持っているのがイタリアだ。国内にあるアビアノ米空軍基地やシゴネラ米海軍基地には、イタリア軍の基地司令官が常駐している。

１９９５年に米国とイタリアが交わした基地使用協定「モデル実務取り決め」は、基地を管理するイタリア軍司令官の役割を、こう表現している。

「主権の擁護者」

そしてイタリア軍司令官は、「全ての施設に制限なく立ち入れる」と明記している。受け入れ国による米軍基地への立ち入りで、個別案件ごとに米軍の「許可」を得なければいけない日本とは、全く異なる。

実際の立ち入りには一部例外的な措置もある。軍事機密に配慮する必要がある場合だ。ただそれは、イタリア側が施設に入れないことを意味するのではない。該当する施設へ立ち入るには、事前通告などの手続きが必要ということだ。

例えばシゴネラ海軍基地の使用協定を見ると、機密施設への立ち入りには24時間前の通告、イタリア軍司令官の同行者の名簿提出などの手続きを定めている。一方で立ち入りの事前通告を受ける側の米軍は、「米国限り」に指定された機密文書を保全する措置を取れる。

大きな特徴は、イタリア側が立ち入る際に、一定の手続きが求められる「機密施設」がどれなのかは、イタリアと米国の間で事前に確認されている点だ。個別の基地使用協定は建物だけでなく、部屋まで指定する形で「機密施設」のリストを作っている。言い換えると、これらのリストに載っていない場合、米軍は「機密」を理由にイタリア側の立ち入りを断ることはできない。イタリア側は「全ての施設に制限なく立ち入る」ことができるからだ。

日本では基地への立ち入り問題の多くは、環境汚染事故が起きた際に表面化する。日本側が汚染状況の把握などのために立ち入りを求めるものの、米軍がこれを拒むような事例だ。これらの「立ち入り拒否」は、米軍の「機密」とは全く関係のないような場所でも繰り返されてきた。

アビアノ基地の広報担当者はイタリア軍司令官の任務について、「施設の保安と環境保全も含まれている」とする。さらに「基地はイタリアの領土であり、イタリアの法律が及ぶ」とし、米軍の活動や施設管理も、環境などに関するイタリア国内の法規制が適用されると強調した。

環境保全についてアビアノ基地は、地元アビアノ市をメンバーに含む委員会を設置し、年に４回

米空軍関係者と談笑するアビアノ基地のイタリア軍司令官（中央）。米国とイタリアが締結した協定ではイタリア軍司令官は「主権の擁護者」と定義されている＝2016年10月、米空軍アビアノ基地（米空軍ウェブサイトより）

の会合を開いている。汚染の防止、基準の順守、そして汚染除去に関する小委員会もそれぞれ設けられている。

こうしたことから地元自治体も、「米軍にも環境に関するイタリアの法律が適用されており、環境面、騒音面はうまく処理できている」（基地を抱えるアビアノ市）という認識だ。

自治体が環境問題などについて懸念がある場合、地元との「関係維持」の責任者であるイタリア軍司令に伝えれば、米軍との間で協議され、対応が取られる仕組みにもなっている。

イタリア空軍のトップや首相軍事顧問を務めたレオナルド・トリカルコ氏は、次のように説明する。

「実際に米軍環境汚染事故が起きた場合、汚染除去は米軍の責任で行われるが、管理者であるイタリア軍は事故の実態把握だけでなく、適切な汚染除去の方法も米軍と協議し、両国の同意の下で回復措置が取られる」

さらに「過去に環境汚染事故が起きたことはあるが、それが政治問題に発展したことはない」と強調した。

駐留の実像

3【ブラックボックス】

＊飲み水の水源汚染

在ドイツ米軍は自ら証拠提供

沖縄県企業局は、県内7市町村に給水する北谷浄水場の水源を２０１４～15年にかけて調査したところ、高濃度の有機フッ素化合物（ＰＦＯＳ）が検出されたと、16年1月に発表した。検出値は嘉手納基地の排水が流れる大工廻川で１リットル当たり１８３～１３２０ナノグラム、比謝川の水をくみ上げる比謝川ポンプ場で１リットル当たり41～５４３ナノグラムだった。

米国の飲料水中のＰＦＯＳ・ＰＦＯＡに関する「生涯健康勧告値」の、70ナノグラムも大きく上回っていた。

ＰＦＯＳは発がん性などのリスクが指摘される。残留性も高く、国内での使用は原則禁止されている。過去には飛行場で使う消火用泡材などにも含まれていた。県の調査では、嘉手納基地を挟み上流より下流の方で高いＰＦＯＳ値が検出された。このため県は「嘉手納基地が発生源である可能性は高い」と指摘した。

ドイツにある米陸軍アンスバッハ駐屯地周辺で行われている環境汚染の除去作業の様子。ドイツでは米軍が環境汚染除去を自らの責任で、また地元当局とも協力して行うことになっている（同基地資料より）

沖縄県は北谷浄水場でのＰＦＯＳの除去のために、粒状活性炭を導入して対応した。だが基地に立ち入っての水質調査は米軍に認められず、「汚染源」は今も突き止められていない。

この浄化と基地周辺の調査で、約２億円の費用も発生した。県企業局は「その分は水道事業の費用として膨らむ。今はそういう段階にないが、仮にそれを水道料金に転嫁すると、県民感情からして『おかしいでしょう』となる」とし、この費用の補償を求めてきた。

沖縄防衛局は「米軍とＰＦＯＳなどとの因果関係が確認されておらず、国内でＰＦＯＳの水道法上の水質基準が設定されていない中、いかなる補償ができるか検討が必要」などと回答し、補償には応じていない。だが「因果関係」を証明するための基地内での水質調査は、米軍の「許可」が出ずに実現していない。

一方で沖縄防衛局は17年度、嘉手納基地内での水質や地形を調べる「提供施設区域内における現況調査等業務」を実施した。結果を踏まえ、「今後の水質浄化対策の必要性や手法を考察する」ともしていた。

当初の計画で、防衛局の調査は嘉手納基地内で水質調査を行うこととし、調査項目にはＰＦＯＳ濃度の計測も含まれていた。

しかし、関係者によると、この調査事業が終わる予定だった17年9月末を過ぎても、基地内での水質調査には米軍の許可が出ていなかった。

結局、防衛局は「調査は終了した」と説明する一方、水質調査地点は全て基地外だったと明らかにした。

防衛局は補償の可否を「引き続き検討している」とし、今後の補償に含みを持たせている。ただ、日米地位協定によると米軍の活動で第三者に損害を与えた場合、賠償額の25％を米政府が負担することになっている。米軍が立ち入り調査を拒み、「因果関係」の証明が難航する中、賠償額の負担問題も予想される。

同じく米軍が大規模に駐留するドイツでも、14年秋にはバイエルン州アンスバッハ米陸軍駐屯地に近いアンスバッハ市周辺で、基準値を上回るＰＦＯＳが検出された問題が発生した。米軍は基地内が汚染源だったと認め、自らの費用で汚染浄化を進めている。

アンスバッハ市の環境担当者によると汚染源は、「主に基地内の消防訓練区域だった。訓練で使用されていた消火用泡材にＰＦＯＳが含まれていた」と説明する。

米軍からは「土壌汚染と地下水汚染の証拠が提供された」ともいい、現在も浄化に向けた追加的な調査が実施されている。

受け入れ国による基地への立ち入り権が保障されているドイツの場合、基地内の汚染調査はドイツ当局の監督の下で行われた。

地元自治体も周辺地区で食品や水道水のＰＦＯＳ汚染状況を調べ、健康被害を引き起こすレベルではないと判断されたが、汚染除去は米軍の責任で続けられる。

日本では今なお、嘉手納基地が汚染源である「疑い」を持たれたまま、日本側による基地内の水質調査も実現していない。汚染源を突き止められず、根本的な解決策を取れない状態で、出口である北谷浄水場で、対症療法的に水の浄化が行われている。

■追跡取材　北谷浄水場汚染

防衛局、基地内調査せず「因果関係」未解明

２０１４年から15年にかけて、米軍基地周辺の河川を水源とする北谷浄水場から高濃度の有機フッ素化合物（ＰＦＯＳ）が検出された問題で、基地との「因果関係」を判断するために重要な基地内の水質調査ができていないことが、２０１８年５月14日までに分かった。沖縄防衛局による米空軍嘉手納基地内の水質調査を、米軍が許可しなかった。沖縄県企業局は「嘉手納基地が汚染源である可能性が高い」として、水質浄化などにかけた費用２億円の補償を防衛局に求めている。これに対し、防衛局は「因果関係が確認されていない」などとして、補償に応じていない。

防衛局の水質調査は結局、基地外の水を採取するにとどまった。水質調査地点に基地内が含まれていないことで、浄化費用の補償を求めてきた県側からの反発が予想される。

防衛局の調査事業名は「提供施設区域内における現況調査等業務」で、２０１７年２月の入札公告によると、調査は17年９月末までで、嘉手納飛行場内の大工廻川などの地形環境、河川流況、水

質の現況を把握することが目的だった。「結果を踏まえて今後の水質浄化対策の必要性や手法を考察する」としていた。

河川水や河川の底質、地下水のPFOSの測定も調査項目に含まれていた。

この調査について防衛局は、琉球新報の取材に調査は終わったと回答した。水質調査地点は基地内を含むのかとの問いには、「全て米軍施設・区域の外だ」と答えた。

調査報告書は現在取りまとめ中で、提供はできないとした。

PFOSは発がん性などのリスクが指摘され、過去に飛行場で使われた泡消化剤などに含まれていた。現在は国内での使用が原則禁止され、米軍も使用を中止した。

一方、米本国やドイツでは、PFOS汚染の原因が米軍基地だと確認された事例がある。

沖縄県はPFOS検出の「因果関係」を確認するには、基地内を通る河川の上流から下流にかけた複数地点での、水質調査と地形の照合が必須だと主張してきた。

駐留の実像

③【ブラックボックス】

※米軍基地環境事故

数値を「虚偽」通報　日本把握できず

２０１０年から14年に米空軍嘉手納基地で起きた有害物質の漏出事故は、少なくとも１５２件。だが沖縄県が把握していた事案は10件にとどまった。米海兵隊普天間飛行場では05～16年に少なくとも１６６件の漏出事故があったが、県の把握件数は６件のみだ。

情報公開請求で得られた、在沖米軍基地で過去に発生した有害物質の漏出記録から浮かび上がるのは、基地内で発生している環境事故のわずかしか、日本側は知らされていない実態だった。

在日米軍が用いている「日本環境管理基準（ＪＥＧＳ）」は、「大規模な流出」について液体４００リットル以上などと分類し、それが基地外に流出する場合や住民生活に影響を与えかねない場合などには、日本側に通報することとしている。

だが例えば15年には、酒に酔った米兵が嘉手納基地で悪ふざけで消火装置を作動させ、約１５００リットルもの消火泡材が噴射した。発がん性などが指摘される消火剤は基地外にも流出し、

2010年12月22日に米空軍嘉手納基地で起きた燃料漏出事故の報告書。比謝川に一部が流れ出たとしているが、日本側は把握していなかった。発生場所の写真は黒塗りになっている

米兵は憲兵隊に逮捕される〝悪質事案〟だったが、日本側に通報はなかった。

日本に通報されていた事案でも、事実と大きくかけ離れていることもあった。

13年6月3日にあった嘉手納基地からの汚水流出について、県は「少量で汚染の可能性は非常に低い」と説明を受けていた。だが米軍の記録によると、流出量は約3万8千リットルとなっていた。12年6月27日には「100〜200リットル」の汚水が流出したと通報があったが、米軍の資料には流出量は30万リットル超と記録されていた。

さらに普天間飛行場が発行した環境漏出事案に対する内部の通達（ハンドブック）には、通報に関する〝裏マニュアル〟とも言える、ある文言が記載されていた。

「緊急事態以外と政治的に敏感な事案は、日本に通報しない」

どのような事案が「政治的に敏感」なのかを判断するのは、もちろん日本側ではなく米軍だ。「緊急事案」の通報だけでは、基地汚染の全容は把握できない。実際、県が把握している汚染事故の件数は冒頭の内容にとどまった。

米軍がJEGSを内部でどう「運用」しているかは、環境省も把握していない。米軍自身が有害性を明確に認識している物質でも、JEGSに記載されていなければ、米側は漏出を日本に通報しなくてもいい、という制度的欠陥もある。

沖縄県基地環境特別対策室の玉城不二美室長は、「記録と基地内の施設配置を照合し、汚染が頻繁に起きる場所を把握できれば、返還後の汚染除去も円滑化できる」と話す。

県は「米軍基地環境カルテ」の作成に着手した16年8月、返還が予定される基地で過去に起きた環境汚染事故、日本側に環境事故を通報する基準、米軍が基地内で実施する排水モニタリング調査の結果などを、提供するよう米軍に求めた。

米軍は日本政府を通して請求するよう返答してきた。これを受けて県は、防衛省や環境省に仲介を依頼した。

だが米側と協議する政府の正式な「窓口」すらも決まらないまま、県は今なお情報を得られていない。

要求から約1年半がすぎた18年3月、県は環境省に対し、今後も資料を得られない場合は、自ら米政府に情報公開請求を行う方法も検討すると伝えた。だが県関係者は、「公式ルートがある以上、そこをすぐに飛び越えて資料を得ようとするのは難しい」とも漏らす。

一方、情報公開請求などを使って、基地汚染の実態を調べてきた調査団体「インフォームド・パブリック・プロジェクト（IPP）」の河村雅美代表は、「県はまず公式ルートを使ってしつこく資料を要求し、内容を検証することが必要だ」とした上で、「日米間のやりとりを記録した資料を見ると、過去にはこの『公式ルート』がむしろ県の要求にとって、障害にすらなっていた実態が判明している」と指摘する。

河村氏は「どこにブラックボックスがあるのかすら分からない状態だ。この状況で政府に頼りきり、自分たちで情報を取る行動に出なければ、県側も思考停止している」と述べ、基地を抱える自治体側がより積極的に実態を調査し、情報を活用する必要性を強調する。

■追跡取材　普天間飛行場汚染事故

政治事案は通報せず

米海兵隊普天間飛行場が、2013年と15年に出した環境汚染事故への対処に関する内部通達で、「緊急事案以外や政治的に敏感な事案」は日本側に通報しないよう指示していたことが分かった。

一方、琉球新報は普天間飛行場や米空軍嘉手納基地で、過去一定期間に発生した有害物質の流出記録も情報公開で得たが、大規模な流出や基地外流出の場合にも日本側に通報していなかった事案が複数確認された。実際の流出量が通報内容を大きく上回る場合もあり、汚染事故を巡るずさんな通報体制が浮き彫りになった。

琉球新報の情報公開請求に、普天間飛行場が開示した指示書「流出防止・対応計画」の13年版や15年版は、「汚染物質が基地外に流出し、住民や財産、飲み水などの脅威となる緊急事態」を除き、政治的に敏感な事案を「日本の当局に直接伝えない」よう指示している。15年版は日本側に伝える場合は、「外交政務部（G7）や広報部門の承認」を得るよう求めている。

一方、琉球新報が米軍への情報公開請求で得た記録によると、嘉手納基地（弾薬庫含む）では、

2010年～14年に少なくとも152件の有害物質の漏出事案が発生したが、沖縄県が把握していたのは10件だった。普天間飛行場では05～16年に少なくとも166件の有害物質の漏出があったが、県が把握していたのは6件だった。

米側の記録が極端に少ない年もあり、実際はより多く発生している可能性もある。

日米両政府が合意している「日本環境管理基準（JEGS）」は、400リットルを超える有害物質の流出などを、「大規模な流出」と定義している。

米軍は12年8月には、発がん性などが指摘される消火用泡材1135リットルの流出を日本側に通報した。だが13年12月4日にはその倍の量が流出し、基地外にも流出したが、通報はなかった。

12年6月27日には、「100～200リットル」の汚水が流出したと県に通報があったが、米軍の資料には流出量は30万リットル超に上ったと記録されていた。12年12月22日には航空機燃料約150リットルが漏出し、比謝川にも流れ込んだと記録しているが、日本への通報はなかった。

普天間飛行場でも泡消火剤が05年に約1900リットル、07年にも190リットル（基地外に流出）漏れる事故が起きていたが、日本側は把握していなかった。泡消火剤は発がん性物質であるPFOS有機フッ素化合物（PFOS）を含む可能性があり、普天間周辺で高濃度のPFOSが検出されているが、米軍は基地内の立ち入り調査を拒否している。

約1140リットルの航空機燃料流出（05年10月）も通報されていなかった。

駐留の実像

③【ブラックボックス】

※基地内環境モニタリング

調査地点、周辺に変更

１９７８年から行われていた米軍基地内の環境モニタリング調査は、突如として調査地点が「基地周辺」に変わっていた。「在日米軍施設・区域環境調査」を環境省から受託した沖縄県が行うはずの基地内排水調査が、２０１４年以降実施されていなかった。調査団体「インフォームド・パブリック・プロジェクト（ＩＰＰ）」が17年夏、環境省や米軍、沖縄県による会議の記録を県に情報公開請求し、判明した。

環境省は当初、県環境保全課に「日米合同委員会の環境分科委員会で、14年度の立ち入り調査が却下された」と説明した。だが琉球新報の取材に対し環境省は、「最終的には環境省の判断だ。米軍からの要請の有無を含め、やりとりは答えられない」とし、変更の過程を明かさなかった。

モニタリング調査は、早期に異常を捉える態勢を敷くことで、汚染源の施設から外部への拡散を防ぐ対策を打てるようにすることが本来の趣旨だ。「未然防止」の考えに基づく。

環境省が2014年度に実施した米軍施設環境調査の報告書。前年度までは米軍施設の内側で調査をしていたが、この年から調査地点が基地外になっている

調査手法を基地の外である「周辺」で行うことに変えた理由について、環境省は「特定の施設に限定するより、より広範囲に把握できる方法にした。未然防止という調査の目的は変わっていない」と強調する。

だが水質汚濁防止法14条は、「排出水を排出し、又は特定地下浸透水を浸透させる者」に「当該排出水又は特定地下浸透水の汚染状態を測定」するよう求めている。

県は「文言を見れば、排出水そのものを測定するよう求めていると理解するのが普通だ」とする。「もし外で異常値が測定された場合、流出源では相当な量が出ているかもしれない。汚染源の特定に時間がかかる可能性もある」とも指摘する。さらに「水濁法は米軍には適用されないが、趣旨を尊重すれば、調査は当然基地の中ですべきだ」と強調した。

環境省は13年度の渉外知事会の要請に、こう答えていた。

「基地の特殊性に応じた措置として、要望のあった項目のうち、環境調査については大気・水質などの調査を米軍施設・区域内において毎年実施している」

一方、米軍も基地内で環境モニタリング調査を実施している。だが県には結果は提供されておらず、環境省は提供を受けているかどうかも「答えられない」とする。

調査地点の変更を伝えられた際、県は環境省に対して基地内での調査を継続するよう主張した。その一方で県は、変更の事実を自ら公表しなかった。

理由について県関係者は、「県は受託者の立場で、事業は環境省が行うものだ。対外的に発表する必要があれば、環境省がすべきこと」と話す。また「事業の内容を決める過程の議論は、この件に限らず一般的に公開していない」とも語った。

しかし資料を情報公開で得たＩＰＰの河村雅美代表は、「受託者といっても、県は民間業者と同じ位置付けではない。県民の安全を守る行政機関であり、米軍や環境省との会議の主催者でもある」と指摘する。そして「黙っていれば、県も変更を容認したと受け取られ、権利はどんどん奪われていく」と警鐘を鳴らす。

河村氏が情報公開で得た資料を分析すると、基地内で行われていたモニタリング調査は、調査地点や日時も日米合同委員会で〝調整済み〟の上で、実施されていた実態もうかがわれた。河村氏は「抜き打ちで行うわけではなく、米軍の裁量に左右されるような制度にも欠陥があったと考えられる」と指摘する。だが「これまで得てきた情報が得られなくなったことには変わりがない」と続ける。

結局、沖縄県と環境省、米軍が基地内調査について打ち合わせる会議も現在は開かれておらず、基地内の調査が再開するめどは立っていない。

駐留の実像

3【ブラックボックス】

＊基地運用の透明性

イタリア、受け入れ国の「主権」尊重

1機の飛行機を巡って緊張は一気に高まった。1985年10月10日深夜だった。暗闇の中、イタリア南部シチリア島にある米海軍シゴネラ航空基地に旅客機が着陸した直後のことだ。

旅客機の中にいたのは、3日前にイタリア籍の旅客船「アキレ・ラウロ」を乗っ取り、米国人を殺害したテロリスト。犯人は交渉後にエジプト航空の民間機に乗り換えてチュニジアに向かっていたが、その途中で米軍の戦闘機が空中制圧し、シゴネラ基地に着陸させた。

問題はイタリア側がこの作戦を把握していないことだった。

その夜、基地内で米軍の不穏な動きを察知したイタリア軍は、軍の警察に連絡を入れるなど〝警戒態勢〟を取っていた。民間機が基地に着陸するとすぐ、イタリア軍が機体を取り囲んだ。ところが米軍の特殊部隊がイタリア軍をさらに取り囲み、両者は同盟国にもかかわらず、「一触即発」となる異例の状況になった。

緊張が高まり、両国に政治判断が迫られた。その結果、イタリアのクラクシ首相（当時）は米軍の特殊部隊に「撤退」と犯人の引き渡しを求め、米側はこれに応じた。この事件は航空機騒音や環境保全への対応以外にも、イタリア側が米政府に「主権」を強く主張した事例として知られている。

イタリアが米側に強硬姿勢を取った背景には、国際政治問題に巻き込まれることへの懸念があったともいわれている。事件は中東情勢も絡む問題であるにもかかわらず、米軍の作戦はイタリアが知らない間に行われていたからだ。

イタリアでは米軍の訓練を含む全ての作戦に関し、基地管理者であるイタリア軍の許可を得る必要が、２国間協定で定められている。首相軍事顧問などを務めたレオナルド・トリカルコ氏はこの事件に触れ、「ＵＳ　ＥＹＥＳ　ＯＮＬＹ（米国限りの情報）は絶対に駄目だ。基地の運用は受け入れ国に対して透明である必要がある。そうでなければ国民の安全は守れない」と強調する。

２０１４年４月28日、米政府とフィリピンは、フィリピン軍基地の使用や構造物の建設などを米軍に認める、新たな軍事協定を結んだ。フィリピンでは過去に上院が米軍の駐留協定の更新を認めず、１９９０年代初頭に米軍が撤退に追い込まれた経緯がある。その後再び米軍に駐留を認めた背景には、フィリピンと中国が南シナ海で領土問題を抱えていることが背景にあるとされる。

沖縄の米軍基地も、尖閣問題を巡って必要性を強調されることがある。ただ、具体的な米軍の駐留条件を見ると、日本とフィリピンは大きく異なる。フィリピン大統領府によると、軍事協定は主に次の方針を守る条件で締結された。

①フィリピンの国内法を守る
②フィリピンの主権を最大限尊重する
③全ての米軍の行動にはフィリピンの同意が必要
④フィリピン側は全ての施設に立ち入り権を持つ

日本では防衛相による中止要請を無視して米軍が飛行訓練を強行したり、米軍施設への日本側の立ち入りを米軍が拒否したりする事例が問題となってきた。

フィリピンでは、これらが起こり得ない条文になっている。交渉段階で米政府は特に立ち入り権の保障について難色を示した。しかしフィリピン側は「基地内基地は認めない」などと強く主張し、最終的に米側が折れた。

米国務省の諮問委員会が15年1月に取りまとめた米軍の地位協定に関する報告書は、外交や軍事分野で重要な役職に就いていた、米政府関係者への聞き取り内容を掲載している。

報告書は、米軍関係者の刑事裁判権に関する事項は「非常に敏感」とし、米政府の執着をにじませた上で、その他の問題では譲歩の余地があるとみられる匿名の証言を紹介している。

「新たなパートナーとの信頼を構築できるのなら、交渉で妥協した方がいいこともある。それによって2国間の関係に過度のストレスを与えたり、関係を強める米国の戦略がダメージを受けたりするのを避けられる」

駐留の実像

3【ブラックボックス】

※二重の基地負担

流弾事故、検証できず

「安富祖川流域は米軍施設が設置されて以来、実弾射撃場および不発弾処理場として使用されてきた。山林原野は演習による立木の消滅で裸地化し、保水力が減退し、降雨時の流出量が増加し、河川の氾濫、土地の浸食、畑の冠水等が発生している。本事業はこれらの障害を防止するため……」

この言葉は、恩納村安富祖ダムの定礎式を記念するパンフレットに記された建設事業の「目的」だ。米軍の訓練が原因で住民を悩ませてきた冠水被害を防ぐため、安富祖ダムの建設が１９８４年から計画されてきた。だがその建設現場で「泣き面に蜂」とも言える基地被害が襲った。

２０１７年４月、安富祖ダム建設現場で工事車両や水タンクが破損し、近くで銃弾が発見された。最初は４月６日、工事関係者が水タンクの穴と銃弾を発見し、米軍に連絡した。翌日に米軍が現場を検証して銃弾を回収したが、続いて13日にも車両の傷と銃弾が発見された。

基地への立ち入りができず、現場をフェンス越しに視察する池田竹州基地対策統括監（左から３人目）ら＝2017年４月17日、恩納村安富祖

建設現場は米軍キャンプ・ハンセン内にあり、実弾射撃訓練の流れ弾が工事現場に飛んできたと推察された。事件を受けて沖縄防衛局に抗議した安富祖区の宮里勇区長（当時）は、「現場から１００メートル離れた場所には水田があり、農作業をしている区民がいる」と不安を訴え、原因究明と再発防止の徹底を求めた。安富祖集落自体も現場から４００メートルの場所にあった。

県は事件発覚から3日後、池田竹州基地対策統括監（当時）が現場に向かったが、基地への立ち入り申請は認められず、フェンスの外から遠巻きに基地内を眺めるばかりだった。その4日後に立ち入りが認められ、吉田勝広政策調整監が現場に入った。ただ県は米軍に同行と状況説明を依頼していたが、米軍は立ち会わず、当事者から話を聞くことはできなかった。

米軍は事件を受けて、流弾を発射した可能性のある射撃場の使用を中断した。だが現場で回収した実弾の提供などを求める県警の捜査には応じず、県警は18年3月に「被疑者不詳」のまま、軽犯罪法違反の容疑で那覇地検に書類送検し、那覇地検は不起訴処分とした。約1年にわたる捜査は実態が解明されぬまま、事実上、終結した。

事件は訓練の最中に発生した可能性が高く、その場合は「公務中」の事案に当たる。NATO地位協定でも公務中の事件の場合は、受け入れ国ではなく米国が一次裁判権を持つため、米軍が受け入れ国に刑事責任を問われる可能性は同じく低い。

ただ、例えばドイツのラムシュタイン米空軍基地にはドイツの警察も常駐しており、「ドイツ人が関わる事案が発生すれば、基地内でも米軍と協力して捜査することになっている」（ラムシュタイン＝ミューゼンバッハ市）。そのため刑事責任は別として、同様の事件が起きた場合、事案の「検証」に関しては、受け入れ国側がより詳細に事実を確認できる可能性は高い。

事件の約8カ月後。米軍は沖縄防衛局に調査結果と再発防止策を報告し、中断していた射撃訓練を再開すると伝えた。

その米側からの報告内容を地元に報告するため、防衛局がとりまとめた説明資料は紙1枚だった。銃弾が飛んできた射撃場の特定や、再発防止策として行われた「運用規則の修正」の内容も明らかにされなかった。

県によると防衛局の説明資料は米軍の報告を抜粋したものではなく、提供された情報のほとんど全てだった。県の担当者は「掘り下げた話を聞いても、防衛局にも答えようがない」と、苦笑いを浮かべた。

日本側が「原因究明」にほとんど関わることができないまま、米軍から示された「再発防止策」が有効なのか、客観的に検証するすべもなかった。

駐留の実像

３【ブラックボックス】

＊環境補足協定のひずみ

地元立ち入りの足かせに

日米両政府は２０１５年９月、米軍施設や区域が返還される場合、返還前の立ち入り調査を認める環境補足協定を締結した。日米地位協定は米軍施設について米側の管理権を定め、米側以外の人の立ち入りなどを禁じている。新たな協定によって、自治体は返還前の環境アセスメントや文化財調査が可能になり、跡地利用が円滑に進むことが期待された。

協定は、米軍普天間飛行場の移設に伴う名護市辺野古埋め立てを推進する〝取引材料〟のように、「負担軽減策」として打ち出されたが、日米合同委員会で付された条件によって、既にひずみが生じている。

条件とは、基地内を調査できるのは返還日の約７カ月前からという内容だ。日米両政府の決定がなければ、それより前には調査できない。これまで米軍施設内の文化財調査は、自治体が現地米軍に申請し許可を得てきた。しかし、多くの米軍基地は返還日が示されていないため、この条件が自治体の立ち入りを阻む壁になっている。多くの自治体の担当者らは協定締結によって「(立ち入りの)ハードルが上がった」と口をそろえる。

協定締結後、許可に時間を要したのが米軍普天間飛行場内の文化財調査だ。15年、県教育庁文化財課は米軍に立ち入りを申請中、環境補足協定が締結された。米軍側から「協定に沿って進めてほしい」と言われ、許可が出るまでに約3年を要した。協定以前は認められていた、掘削を伴う調査も協定締結後、認められていない。

飛行場が所在する地域一帯は湧泉や洞穴が点在し、豊富な水源を利用して農業が営まれていた。遺跡も数が多く、必要な試掘箇所全体のまだ3分の1程度しか終わっていないという。

キャンプ瑞慶覧内の国史跡指定を目指す北谷城のように、北谷町、米軍、沖縄防衛局で現地協定を結び、調査が再開されたケースもあるが、普天間飛行場の場合、そうした現地協定はなく、文化財の分布状況を調査するため時間もかかる。

県の担当者は「時間はいくらあっても足りない」、市の担当者も「面積が広いので実際には約7カ月で調査するのは厳しい」と話す。

住民の安全に影響が出かねない事案も起きている。浦添市のキャンプ・キンザーの南側を流れる小湾川の河川改修だ。県は上流域から整備を進め、最後に残ったキンザーに接する未整備の護岸250メートルの測量調査のため、15年11月に立ち入りを申請した。

しかし、それから3年近く許可が下りていない。県河川課の石川秀夫課長は、返還地の跡地利用

護岸未整備の小湾川（奥がキャンプ・キンザー）。環境補足協定の約７カ月前の立ち入りが壁となっている

を目的にした調査と、必要な土木工事とは区別すべきだとした上で、「古い護岸は一部が崩れたり、壊れたりしているため改修が必要だ。周辺住民から不安の声も寄せられている」と話し、川の浸食拡大を懸念する。

過去に返還後の米軍施設での文化財調査中、米軍由来とみられるＰＣＢや鉛などの汚染が見つかり、跡地利用に遅れが生じたことなどから、県は少なくとも3年前からの立ち入り調査を可能とするよう求めてきた。

県企画部の立津さとみ参事は、「環境アセスは通常1年を通じた調査が必要」と話し、約7カ月前という条件では十分な調査ができないと指摘する。県は協定を実効性のあるものにするため、条件緩和を求め続けている。

条件を付した日米間の交渉過程は明らかにされていない。立ち入りを認めながらも十分な調査ができない。環境補足協定を、そんな〝絵に描いた餅〟にするような条件がなぜ付されたのか、交渉経緯はブラックボックスのままだ。

駐留の実像

4【「同盟」の代償（コスト）】

※思いやり予算

拡大する受け入れ国負担事業

◎飲食店、スーパーも

18番ホールまで備えたゴルフコースの使用料は、若い下士官で15ドル（約1650円）、将校でも21ドル（約2310円）。米軍に提供された余暇施設「タイヨーゴルフクラブ」（沖縄市）は、通常は安くても1万円はする民間ゴルフ場と比べて〝破格値〟でプレーできる。

入り口の看板にはこう書いてある。

「この施設は受け入れ国負担事業として日本政府が建設し、米国に提供するものだ。この施設が日本国と米国の友好、相互支援、協力の象徴となることを祈念する」

他にも米軍基地内では、健康づくりのためのジムや映画館まで、さまざまな施設が日本の予算で建設されてきた。

基地内にある米軍住宅も日本が建設している。日本の公務員官舎の面積は、家族向け3LDK

日本政府の財政負担で建設された米軍用ゴルフ場「タイヨーゴルフクラブ」(沖縄市池原)。いわゆる「思いやり予算」では米軍の娯楽施設なども建設されてきた＝2018年5月28日

の場合でも80平方メートル未満と決まっている。一方、米軍人向け住宅は米軍が定める基準に沿って造られる。基準面積は最も階級が低い下士官でも124平方メートル、若手将校で233平方メートル、高級将校だと310平方メートル。中にはテニスコート付きの一戸建てがあてがわれる将校もいる。狭い県土に住宅がひしめき、土地価格の高騰に悩まされる「フェンスの外」の県民と、暮らしの違いは歴然だ。

「思いやり予算」が拡大した結果、基地内のレストランやスーパーも日本の予算で造られてきた。米側にとってこれらの施設は建設費用もかからない。「コストカット」の結果、基地外のレストランなどに比べて価格競争力が高い。品が安いため米軍関係者は基地内で消費するようになり、かつての「基地経済」はしぼんだ。県民総生産に占める基地収入の割合は日本復帰時には15％あったが、現在は5％まで縮小した。「結局、基地がないと食べられないんでしょ」など、遠く離れた県外に住む人たちが時折投げ掛ける「イメージ」からは、遠い実態がここにある。

◎駐留経費負担率74・5％　群を抜く負担率

駐留米軍に対する政府の財政支援は1970年代後半に始まった。米政府は、円高とベトナム戦争に伴う財政難を理由に支援を拡大するよう圧力をかけた。その後もさまざまな理屈を付けて拡大を要求した結果、財政支援は肥大していった。

政府はこうした財政支援は「暫定措置だ」と説明したが、実際は40年以上にわたり続いてきた。

日米地位協定第24条によると、日本側が米軍への施設・区域の提供に伴い負担すべき費用は、米軍施設の地主への補償（地代）や基地を提供する際の施設整備費用などだ。基地を「維持」する「全ての経費」は、「日本国に負担を掛けないで米国が負担する」と定めている。つまり米軍人・軍属の人件費や米軍の運用維持費はもちろん、日本人の基地従業員の人件費、光熱費などの「維持費」は本来、米側が負担するものだ。

ところが実際は、米軍が新たに整備する施設の建設費、基地従業員の給与、光水熱費など、さまざまな費用を日本側が負担している。

米軍駐留国における経費負担

財務省、米国防総省資料より作成		日本	韓国	ドイツ	イタリア
負担割合		約74.5%	約40%	約33%	約41%
提供施設整備費		日米分担	米韓分担	米側負担	米側負担
労務費		日米分担	米韓分担	米側負担	米側負担
光熱水料等		日米分担	米側負担	米側負担	米側負担
支援額（02年）	直接支援	32億2843万ドル	4億8661万ドル	2870万ドル	302万ドル
	間接支援	11億8292万ドル	3億5650万ドル	15億3522万ドル	3億6353万ドル
	合　計	44億1134万ドル	8億4311万ドル	15億6392万ドル	3億6655万ドル
米軍人数		約3万3000人	約1万3000人	約5万5000人	約1万人

政府は当初、駐留経費の負担拡大を日米地位協定の解釈を変えることで正当化した。だがその後は、解釈変更では説明が付かないものにまで拡大し、最終的には日米間の「特別協定」を交わして対応することになった。

米軍が駐留する主要国と比べても、日本側の負担額は大きい。米国防総省が作成した「2004年共同防衛に対する同盟国の貢献に関する統計概要」によると、日本の直接・間接支援額の合計は、44億1134万ドル。これは2位のドイツ（15億6392万ドル）の約3倍に上り、世界一の規模だ。

日本では米軍人1人当たりの支援額は10万5976ドルと、日本円で年間1千万円以上が投じられている。これはドイツ、イタリア、韓国の約5倍に上る。駐留経費の「負担率」でも日本は74・5%で、同じく世界一だ。

財政支援の拡大は、1978年に米国が東京都の横田地区への住宅建設に伴う費用負担を日本に求めたことに対し、金丸信防衛庁長官（当時）が、「日米関係が不可欠である以上、米国に対して思いやりがあってもよい」と応じたことに始まる。

各国の駐留米軍経費負担率（2002年）

日本	74.5%	44億1134万ドル
サウジアラビア	64.8%	5338万ドル
カタール	61.2%	8126万ドル
ルクセンブルク	60.3%	1925万ドル
クウェート	58.0%	2億5298万ドル
イタリア	41.0%	3億6655万ドル
韓国	40.0%	8億4311万ドル
ドイツ	32.6%	15億6392万ドル

※財務省、米国防総省資料より作成

その後、いわゆる「思いやり予算」は年間約2千億円の規模まで膨らんだ。

日本人従業員の給与も当初は米軍が負担していた。だがまずは手当の一部から、最終的には基本給も含めて日本の負担に変わった。光水熱費の負担も日本政府は当初、米側からの要求を拒否したが、結局は負担する形となった。

80年代、90年代になると、地位協定の解釈変更では説明が付かない負担項目が出た。そのため政府は3～5年間の期限を付けた「特別協定」を結ぶ形で対応し、更新（新協定の締結）を繰り返してきた。

政府は協定を結ぶ際に、これは「限定的・暫定的・特例的」な措置で、「この特例の条約は廃止になる。残るものは地位協定

24条1項（で義務付けられた経費負担）」になると説明した。

米軍への財政支援の在り方について、国の財政制度等審議会からも厳しい批判があった。2008年度予算編成に関する建議は、「従来通りの負担の継続は適当ではない。この経費にはさまざまな非効率な支出が含まれており、これを放置しては国民の理解を得ることはできない」と指摘している。

一方、米側の認識はどうか。米上院軍事委員会が13年に出した報告書「米軍の海外駐留における米国のコストと同盟国の貢献」には、「暫定措置」とは異なる本音が垣間見える。

報告書は、日本政府が1978年以降に負担している施設整備費や光水熱費、労務費などの合計額を棒グラフで示し、現在の総額が2000年ごろのピーク時と比べれば、「減少傾向にある」と「懸念」を示している。「暫定措置」だったはずの駐留経費の負担項目は米側にとって積み上げてきた〝権利〟として、今後も維持すべきものだと考えていることをうかがわせる。

米政府は近年、日本政府に「思いやり予算」という呼称を使わないよう求めている。

駐留の実像

4【「同盟」の代償（コスト）】

※普天間飛行場代替施設

合意4年前に日本負担を念頭に

「The GOJ Relocation Construction Program（日本政府による代替施設建設プログラム）」――その文言は、米海軍省が作成した「米海兵隊普天間飛行場マスタープラン」に書き込まれていた。普天間飛行場の運営に必要な施設を整備する中長期計画、いわゆるマスタープランを検討する中で、その「財源」の選択肢として、「日本政府による」代替施設の建設を挙げている。文書が作られたのは１９９２年６月、日米両政府が普天間飛行場の全面返還に合意した4年前のことだった。

95年の米兵による少女乱暴事件を受け、沖縄の「負担軽減」を求める圧力が強まる中で、普天間の返還は96年4月に合意された。ただ返還は「代替施設の建設」という条件が付いた。

その正式発表の約2カ月前、米カリフォルニア州で開かれた日米首脳会談が終盤に差し掛かる中、クリントン米大統領（当時）が橋本龍太郎首相（同）に切り出した一言が語り継がれている。

「沖縄について、もう少し言うことはありませんか」

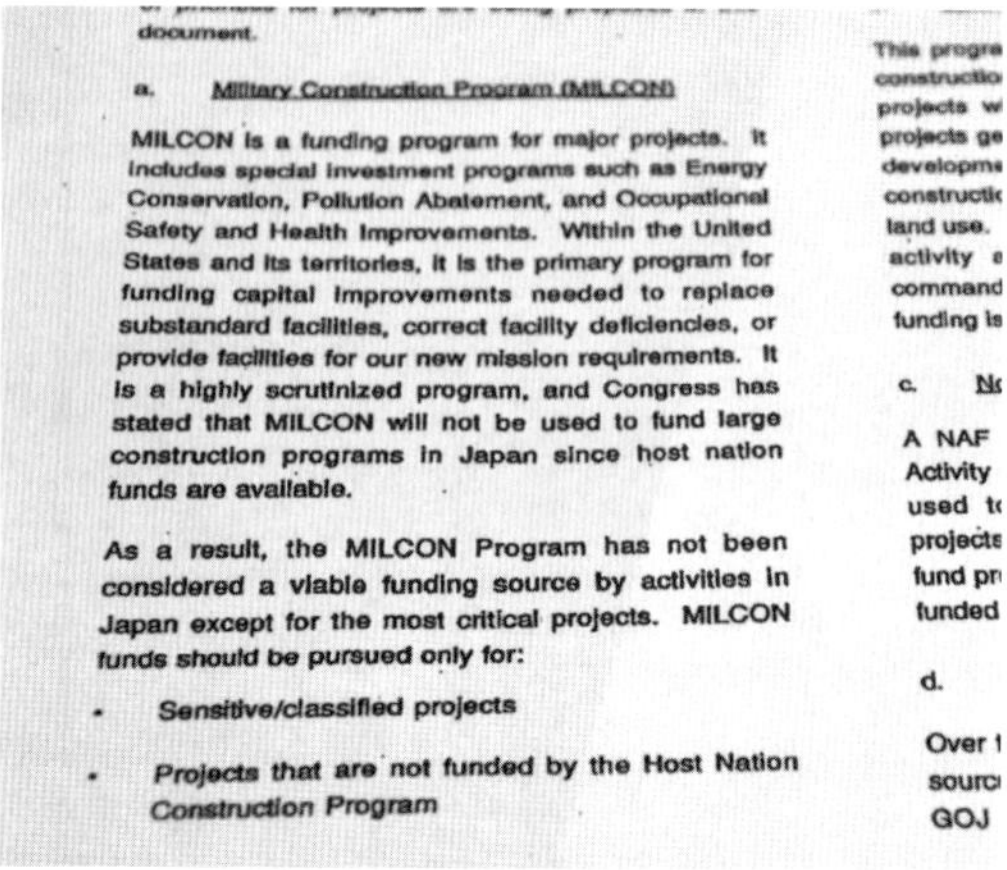
document.

a. Military Construction Program (MILCON)

MILCON is a funding program for major projects. It includes special investment programs such as Energy Conservation, Pollution Abatement, and Occupational Safety and Health Improvements. Within the United States and its territories, it is the primary program for funding capital improvements needed to replace substandard facilities, correct facility deficiencies, or provide facilities for our new mission requirements. It is a highly scrutinized program, and Congress has stated that MILCON will not be used to fund large construction programs in Japan since host nation funds are available.

As a result, the MILCON Program has not been considered a viable funding source by activities in Japan except for the most critical projects. MILCON funds should be pursued only for:

- Sensitive/classified projects
- Projects that are not funded by the Host Nation Construction Program

This progra
constructio
projects w
projects ge
developme
constructio
land use.
activity e
command
funding is

c. No

A NAF
Activity
used t
projects
fund pr
funded

d.

Over t
sourc
GOJ

1992年に作成された米海兵隊普天間飛行場の「マスタープラン」。原則として日本の予算を活用するよう解説している

大田昌秀知事（当時）が普天間の返還を政府に要望していたが、橋本氏はこの協議を米側に持ちかけるのを躊躇していた中で、米政府の方からこの話題を持ち出したとされる一幕だ。

一方、冒頭の「マスタープラン」は普天間飛行場の「将来」をこう分析していた。

「普天間での開発には運用上、自然への影響上、さらに社会文化上の制約が考慮される。これらの制約は、将来的に施設の代替地を査定する際に重要な枠組みをもたらす」

米軍は92年の時点で既に、普天間の移設を視野に入れていたことをうかがわせる。

土地利用上の「制約」が生じる理由のひとつには、当時は政府が普天間への配備計画を否定していた垂直離着陸輸送機ＭＶ22オスプレイの配備も挙げられていた。

マスタープランを入手した琉球大学の我部政明教授（国際政治学）は、「米側は普天間の移設予算を日本側から引き出すため、首脳会談の場であえて日本側に返還を『お願い』させ、それに応じる形で代替施設の建設を求めるシナリオを考えていた可能性もある」と指摘する。

米海軍省が2014年9月に出した「施設マニュアル」は、日本で施設整備を計画する場合の方針をこう指示している。

「受け入れ国の財源を利用する見通しが立たない時、あるいは米国の要求を適切な時期までに満たすことができない場合、または整備プログラムにやむを得ない事由がある場合にのみ、MILCON（米政府による建設予算の略称）の使用を検討する」

そして、米政府が自国のMILCON予算を使う方が「好ましい」とする場合は、「地元の支持が得られない」ような「政治的に異論がある」計画、「機密または敏感」な計画などに限定している。

1992年作成の普天間飛行場マスタープランは、同飛行場の将来的な施設整備に活用し得る財源について、米予算であるMILCONや、「受け入れ国（日本）による財政支援」などを併記している。一見すると日本の予算を使った整備は、多数ある選択肢の一つにすぎないが、ここでもMILCON予算は、①日本政府の予算が使えない場合、②機密・敏感なプロジェクトの場合にのみ、使用を検討すると記している。

日米両政府が「沖縄の負担軽減」につながるとして工事を進めるのが、普天間飛行場の「辺野古移設」計画だ。一方では日本政府が米側に普天間の返還を求める4年前には既に、米軍が普天間を巡るさまざまな「制約」を懸念し、「代替施設」の建設を選択肢として検討していたことが分かる。

そしてマスタープランや米軍の通達が示す「好ましい」枠組みに沿って、建設には日本の予算が投じられている。

駐留の実像

4【「同盟」の代償（コスト）】

＊日本の駐留経費負担

地位協定の原則を骨抜きにして肥大

２０１６年の米大統領選挙で、共和党候補者のドナルド・トランプ氏が討論会で放った言葉が波紋を呼んだ。

「私たちは日本、ドイツ、韓国、サウジアラビアを防衛し、他国を防衛している。もし彼らが相応の負担をしないのなら、日本を守ることはできない」

駐留経費の負担を増やすよう、日本に圧力をかける考えを示したのだった。日本政府の〝説得〟もあってか、当選したトランプ氏は大統領就任後しばらくは、この問題に口を閉ざした。

だが２０１８年2月には再び、「米国は日本や韓国、サウジアラビアを防衛しているが、これらの国は費用のわずか一部しか負担していない」と発言し、再び揺さぶりをかけた。しかしそもそも米軍は、「日本を守るため」だけに駐留しているのか。ある論文がある。米オバマ政権で国務副長官を務めたジェームズ・スタインバーグ氏らが14年に発表した共著『21世紀の米中関係』だ。その

> In some cases, however, foreign bases in the right place can actually save substantial sums of money, especially once the forces are already established abroad and construction costs paid. This is important to understand for those who would impute aggressiveness to America's forward basing strategy; in fact, it is designed to enhance deterrence and to save money through efficiencies. For example, being able to base U.S. tactical airpower at Kadena Air Base on Okinawa, Japan, arguably saves the United States tens of billions of dollars a year. If the United States had to sustain a comparable airpower capability continuously in that region through other means, the alternative to Kadena might well be a larger Navy aircraft carrier fleet expanded by four or five carrier battle groups with an annual price tag of $25 billion or more.[10]

米空軍嘉手納基地を沖縄に維持することで、米政府は年間 250 億ドル（2 兆 7500 億円）を削減できているとするスタインバーグ元米国務副長官らの論文

中に次の一節がある。

「嘉手納基地で空軍力を維持することで米国は年間何百億ドルもの予算を節約している。もし他の方法でこの地域の空軍力を維持するならば、４～５の空母打撃群を展開する必要がある。その費用は年間２５０億ドル（約２兆７５００億円）かそれ以上に上るだろう」

１９９１年12月、チェイニー米国防長官（当時）が米ＣＮＮテレビのインタビューで米軍の前方展開の重要性を強調し、「米西海岸に空母機動艦隊を保持するより、日本に配備した方が安上がりだ」と述べたこともあった。米政府は強大な軍事力を前方展開することで〝にらみ〟をきかせ、国際社会で発言力を高める外交戦略を続けてきた。トランプ氏が駐留経費の負担増を求める発言をした際、稲田朋美防衛相（当時）は、「米軍の日本駐留は米国にとっても利益」だと反論した。

米軍が「自国の利益」を念頭に日本に駐留する一方、日本政府による駐留経費の負担は、日米地位協定の義

務となる範囲を超えて肥大した。その理屈付けも時代によって変節した。米政府は当初、円高やベトナム戦争による財政難を理由に、日本の負担増を求めた。だが16年に署名された駐留経費負担に関する特別協定の交渉では、米オバマ政権がアジア市場での影響力を維持するために進めた、「アジア・リバランス（再均衡）」政策に基づく部隊の近代化も増額理由のひとつとされた。

駐留経費負担の歴史を調べてきた櫻川明巧金沢工業大教授（元参院外交防衛委員会調査室長）は、「日本政府はこれ以上負担できる項目がないほど、米軍の駐留経費を負担してきた。残る大きなものは米軍関係者の人件費くらいだ。そうなれば米軍は文字通り傭兵になる」と述べ、トランプ氏の要求に苦笑いする。

日本の駐留経費負担は総額、負担割合ともに世界一と突出している。この背景について、日本は集団的自衛権を行使できず、同盟関係が「片務的」だからだと政府関係者が解説することもある。

一方、日本では２０１５年に「安保法制」が成立し、集団的自衛権の行使が「解禁」された。そこで日本側は、駐留経費負担を決める米政府との直近の交渉でこの点に触れ、同盟における日本の「役割」が増えたとし、経費負担の「減額」を求めた。米国は逆に「増額」要求をした。結局、16年度から5年間の日本政府による駐留経費負担総額は約９４６５億円で、過去5年間の総額を約１３３億円上回る形で決着した。同盟の「片務性」の議論は吹き飛んだまま、負担額だけは増えた。

櫻川氏は１９７０年代から日本の負担項目が次第に増えていった状況を、次のように表現する。

「地位協定で明確にされた経費負担の原則を骨抜きにしている。原則の空洞化だ」

駐留の実像

4【「同盟」の代償（コスト）】

＊「負担軽減」のための訓練移転

定例訓練にまで日本が支出

沖縄防衛局が調べた米海兵隊普天間飛行場の２０１６年度の騒音発生回数は、15年度と比べると8・07％多い２万３９０２回に達した。特に夜間・早朝は2・7倍の４５１回と激増した。

皮肉にもこの16年度は、９月にグアムへの３週間の訓練移転を実施した年だった。日米両政府は普天間飛行場所属のオスプレイやヘリコプターの訓練を米本国に移転する場合、日本政府がその費用を負担する枠組みに新たに合意した後の、最初の事例だ。移転に伴う日本政府の負担は約7億円だった。政府は沖縄の「負担軽減」への努力を強調していたところだった。

この16年度に宜野湾市に寄せられた航空機騒音に関する苦情件数は、３９８件で過去最高だった。さらに17年度には４２９件となり、４年連続で過去最高を更新した。普天間飛行場の周辺住民が負担軽減を実感できない状況は続いている。

日本政府が経費を負担した16年９月のグアムへの訓練移転には、不可解な点もある。まず政府は訓練移転の期間は9月12日から3週間で、移転対象のオスプレイは普天間所属の「24機中16機」だと説明した。しかし在沖米海兵隊の実働部隊である第31海兵遠征隊（31ＭＥＵ）は、この直前の8月21日、「秋の巡回に出発した」と発表していた。

31ＭＥＵは強襲揚陸艦に隊員や航空機を載せ、毎年春と秋にそれぞれ数カ月、太平洋地域を「巡回」する。その間、友好国との共同訓練やグアムなどでの訓練を経て沖縄に戻る。31ＭＥＵが強襲揚陸艦に載せるオスプレイは、通常12機である。つまり「普天間所属の24機」のうち半数は訓練移転というより、〝通常業務〟である秋の巡回で、もともと沖縄を留守にしていた形だ。

米海兵隊によると、日本が移転費用を負担した訓練は9月26日から10月5日の10日間となっている。「フォーレッジ・フューリー」というグアムでの統合訓練だ。一方でこの訓練も、それ以前から2年に1度開催してきた〝定例もの〟だ。普天間のオスプレイも従来から参加してきた。16年に「移転」の対象となった訓練は、「沖縄の負担軽減」のために新たに設けられたわけでもなかった。

訓練移転の費用を日本側が負担する枠組みは、１９９６年にできた。県道１０４号越えの実弾射撃訓練を、本土の自衛隊基地に分散移転する措置も続いている。

その後、２００７年には米空軍嘉手納基地のＦ15戦闘機を、沖縄県外の自衛隊基地に訓練移転する仕組みができた。11年にはグアムに移転する場合も、日本が経費負担をすることになった。

嘉手納のＦ15はこの２０１１年の合意以前から、グアムでも訓練していた。そのため合意当時は、従来の訓練との関係も不透明だと指摘された。

嘉手納飛行場と普天間飛行場周辺のうるささ指数（W値）の推移

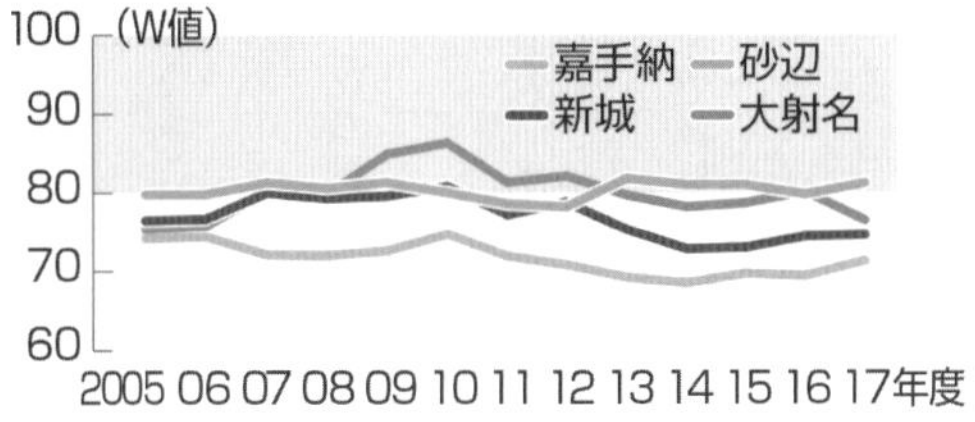

さらにはグアムへの訓練移転中に嘉手納基地に在韓米軍などの外来機が暫定配備され、「負担軽減」が〝帳消し〟だと、地元自治体が反発する事態も起きてきた。

外来機を巡っては２０１３年から、米本国の防衛を本来任務とするはずの州空軍までが嘉手納に暫定配備され、抑制が効いていない。

沖縄防衛局による騒音調査を見ると、「訓練移転」が進められたはずの過去10年程度で見ても、嘉手納飛行場や普天間飛行場の「うるささ指数」は、ほぼ横ばいの状態が続く。地元が求める「目に見える負担軽減」には遠い状況だ。

防衛省によると、嘉手納、三沢、岩国、普天間（普天間は16年度から）の４米軍基地から国内外に飛行訓練を移転する際に、その費用を日本側が出す「航空機訓練移転プログラム」では、２００６～16年度に合計１９８億４４００万円を負担した。

一方、18年５月30日には再び嘉手納で、F22戦闘機が暫定配備された。嘉手納町議会は17年だけで、外来機飛来の禁止を求める抗議決議を９回決議した。

F22が飛来した翌31日、嘉手納町議会基地対策特別委員会の當山均委員長は、「州軍機まで来る状態だ。静かになった実感はない。訓練移転の成果は出ていない」と、不信感をあらわにした。

駐留の実像

4【「同盟」の代償（コスト）】

＊基地返還地汚染

日本、米の浄化義務を免除

そこは本来なら、市民の憩いの場になるはずだった。2013年6月、沖縄市サッカー場の人工芝舗装工事中に、大量のドラム缶が掘り起こされた。サッカー場は米空軍嘉手納基地の部分返還跡地だ。ドラム缶にはベトナム戦争時に米軍が使用した枯れ葉剤の製造大手企業の社名が刻まれていた。

沖縄市が付着物を分析したところ、環境基準値の8・4倍の猛毒ダイオキシンと枯れ葉剤の主要成分が検出された。芝の舗装工事はストップし、沖縄市は結局その後、ここをサッカー場として使うことを断念した。

現在は駐車場としてアスファルトが敷き詰められている。

沖縄防衛局は、サッカー場の汚染除去に約11億円を投じた。沖縄市は汚染調査で使った約7100万円と、中断した人工芝の舗装工事費約1億2千万円を政府に負担するよう求めているが、協議はまとまっていない。

汚染は米軍由来の可能性が高いが、浄化費用は日本側が負担する。日米地位協定が米軍に返還地の原状回復（汚染浄化）義務を免除しているからだ。

米軍が原状回復義務を負わない理由について、外務省の機密文書『日米地位協定の考え方』では、米軍施設が返還される時に日本政府が米側に「残余価値」を補償する義務を免除されていることと〝裏表〟の関係となっていると解説する。そしてこの措置は、日米で「権利の均衡」を図っているとしている。

文書はまた、オランダやドイツでは駐留米軍が基地返還地の原状回復義務を負う一方、受け入れ国も米側に、返還施設の「残余価値」を補償する義務がある点を強調している。

一見すると米国と受け入れ国が、返還地の原状回復義務と残余補償義務を互いに放棄するか、あるいは互いに行使するか、その選択の問題に見える。

だがこの構造には〝からくり〟がある。

米軍は日本では返還地の原状回復義務を負わない一方、米軍が使うほとんどの施設は日本の予算で整備しているからだ。そのため日本政府から米側への「残余価値の補償」という考え自体が、そもそも成立しにくい。

実際の計算はどうか。

米上院軍事委員会が13年4月に出した「米軍の海外駐留における米国のコストと同盟国の貢

米軍基地返還跡地から掘り出されるドラム缶＝2014年1月、沖縄市サッカー場

献」によると、ドイツで米軍基地の返還が加速した1991年から12年までの22年間に、9億2000万ドル（1010億円）の「残余価値」補償が発生した。

残余価値は市場価格を参考に、米独両政府が交渉して決める。報告書によると過去に算出された残余価値は、米軍が実際に投じた施設整備費の10％程度で決着している。

残余価値の補償方式は、現金決済だけではなく「現物給付」として、米側の負担となるべき環境汚染の除去費用や、別の米軍施設の補修費用と相殺もできる。

米議会の報告書によると、残余価値の95％が、この「現物給付」方式で処理された。

一方で日本の場合、米軍による返還地の原状回復義務が免除されていることから、汚染浄化は日本の費用負担で行われてきた。

そして原状回復義務と〝取引関係〟であるはずの施設整備も、実際は多くが日本の予算を投じてきた。

米議会の報告書がドイツで過去に発生した「残余価値」を説明した1991～12年の22年間に、日本政府が投じた米軍施設の整備費(FIP)は1兆5622億円である。1年平均で710億円の支出だ。

同じ期間にドイツ政府が米政府に補償する義務を負うと計算された「残余価値」は、1年平均で45億円、負担規模の違いは歴然だ。

駐留の実像

4【「同盟」の代償（コスト）】

＊爆音訴訟の損害賠償金

米の「踏み倒し」で血税投入

３１０億円超――、これは２０１８年４月の段階で、米軍機騒音に対して全国で起きている住民訴訟で確定した、損害賠償金（遅延損害金含む）の総額だ。日米地位協定18条に基づくと、賠償額の75％は米政府が負担する。

米軍が公務中に損害を与えた賠償の負担割合について、米側だけに責任がある場合は「米側75％、日本側25％」、日米双方に責任がある場合は「均等に分担」と定めているからだ。

だが２００４年、米側がこの分担金の支払いを拒否していることが発覚した。単純計算すると冒頭に挙げた賠償額の75％は約２３０億円となる。賠償はいったん日本政府が全て支払った上で、米側に負担分を請求する流れとなっているため、〝踏み倒し〟行為によって実質的に日本の税金でまかなわれている。

米軍機騒音に対する賠償を命じた最も古い判決は、１９９３年の横田基地夜間飛行差し止め訴訟である。以降嘉手納飛行場、厚木基地、普天間飛行場と全国各地で差し止め訴訟が続いてきた。

米側の支払い拒否は、１９９８年５月に確定した第一次嘉手納爆音訴訟の賠償を巡って発覚した。２００４年５月28日の衆院予算委員会で、外務省の海老原紳北米局長が「わが方は（分担）を請求できるという考え方だが、そもそも、一番根幹的な部分で（米側）と立場が異なっている」と述べ、米側が支払いを全面拒否している実態を明らかにした。

問題発覚から14年が過ぎたが、米側が賠償金を払う気配はない。その姿勢が垣間見えるのは、１９９６年横田基地訴訟での在日米軍司令部談話だ。米軍は「判決の当事者は原告と日本政府だけだ。原告は日本政府によって十分補償されるべきだ」として、自らの〝責任〟を否定したのだった。

現在も日本政府の、「引き続き、地位協定に基づいて米政府に対して損害賠償金などの分担を求めていく」という立場は変わっていない。だがこの間、どのような形で、何度米側に支払いを求めたのか、政府は一切明らかにしていない。

それどころか、２０１７年３月には米軍機騒音に関して、米側が負担すべき損害賠償金の累計額について、「公にすると米国政府との信頼関係が損なわれるおそれがある」として、回答を避ける答弁書を閣議決定しており、弱腰な姿勢は鮮明だ。

こうした状況に強く憤るのは、住民訴訟の当事者である原告だ。嘉手納爆音訴訟団の平良真知事務局長は、訴訟は本来深夜・早朝の飛行停止を求めて起こしたものだが、裁判所がことごとく、米軍の運用には日本側が関与できないとする判決を出してきた経緯を強調する。

日米地位協定上、米側に基地の「自由使用」が認められているため、米側がこれを盾に、そもそも損害賠償を求められる〝いわれ〟はないと考えている可能性を指摘する。

平良氏は、「賠償の分担は日米地位協定に明記され、騒音防止協定も日米間で合意されている。

横断幕を手に裁判所に向かう第三次嘉手納爆音訴訟の原告団ら＝2017年2月、沖縄市の那覇地裁沖縄支部

だが両方とも守られていない。賠償拒否問題と深夜・早朝の飛行強行は根が同じ問題だ」と分析する。さらに「日本政府が米側に対して決まったことを守らせることができていない。『ルーズ国家』の在り方を見直し、米側がルールを守る日米地位協定にしなければ、いつまでも米軍のわがままが通る」と、不満を募らせる。

米軍の行為に起因する損害賠償の全額を、日本側が負担する現状がある。騒音被害にさらされている基地周辺住民も納税者だ。深夜・早朝にも米軍機騒音が鳴りやまない中、賠償の実質的な〝免除〟状態が、米軍の夜間飛行に拍車を掛けている。

駐留の実像

④【「同盟」の代償（コスト）】

＊米軍の空域優先

空でも「基地による経済阻害」

２０２０年の運用開始を目指して、那覇空港第二滑走路は急ピッチで建設が進む。過密さが深刻化している現滑走路から、沖合に１３１０メートル離れた場所に平行して設置される計画だ。

この「１３１０メートル」には意味がある。現滑走路から１３１０メートルの距離を置くことで、滑走路２本を独立して運用し、同時に発着できる「オープンパラレル」方式を採用できるからだ。オープンパラレルの場合、発着の処理容量は現行の２倍に増える。だが那覇空港のオープンパラレル計画は暗礁に乗り上げている。

２００９年４月の衆院沖縄北方特別委員会で、関口幸一国土交通省航空局次長（当時）は、第二滑走路を現行滑走路から１３００メートル離せばオープンパラレルで運用できるのかを問われると、「嘉手納飛行場の進入経路との関係」を挙げ、「オープンパラレルの条件が満足できない」と答えたのだった。

どういうことなのか。

那覇空港の北側空域は米軍嘉手納飛行場への進入経路が重なり、民間機の進入が禁止されている。民間機が那覇空港を北向けに離陸する場合や、北方向から着陸する場合は、嘉手納への進入経路を避けて沖合側を飛行しなければいけない。そのため那覇から北向けに離陸する機体は、離陸後すぐ西に機首を傾けるのだ。

だがそうすると、沖合側（西側）にある第2滑走路の離陸・進入経路にかぶることから、衝突を避けるために両滑走路で飛行順序を調整する必要が出る。その結果、2本同時に離着陸することはできないのだ。

国土交通省大阪航空局によると、滑走路増設後の那覇空港の処理容量（離着陸回数）は年間約18万5千回、2015年度の那覇空港の発着は、15万7千回である。増設後の処理能力は「2倍」ではなく、1・17倍にとどまることになる。

空港の処理能力を最大化できない背景には、空港施設の配置や、自衛隊との共同使用も挙げられる。ただ米軍空域が優先される状況が、民間経済を阻害している実情は変わらない。航空関係者によると、現在も演習を終えて嘉手納飛行場に集団で帰投する米軍機のために、民間機が地上で待機させられることもある。

滑走路の離着陸回数を増やすため、沖縄県や経済界などは2本の滑走路の間に新ターミナルを造り、地上の飛行機が両滑走路まで移動する動線を効率化する構想を検討している。ただ、現在のモノレール空港駅との位置関係や海岸環境の保全が課題で、仮に実現する場合も、相当の時間がかかるとみられている。

米軍の空域が原因で那覇空港の運用が制限される事態について、沖縄観光コンベンションビューローの平良朝敬会長は、「米軍空域の問題は羽田空港など県外にも存在するが、沖縄に基地が集中しているだけに影響がある。沖縄本島と離島を軽飛行機が飛び交う時代も目の前にある中で、この問題が観光の障害になることを懸念している」と話す。

平良会長はまた、特にLCC（格安航空会社）の路線が拡大を続ける中、新規路線の獲得を狙った国内空港同士のインフラ投資が激しさを増しているとも指摘する。空港機能はその競争の要素になるとした上で、「第二滑走路が完成すれば、深夜の滑走路メンテナンス中にもう片方の滑走路を使用できるなど、空港の運用効率は上がる。しかしその競争力がそがれ、乗り遅れてしまうことがないよう手を打つ必要がある」と強調する。

米軍基地は経済の阻害要因。沖縄県内ではその言葉が浸透して久しい。那覇新都心や北谷町美浜など、基地跡地の開発が県内経済の成長をけん引した実績が背景にある。

沖縄県のまとめによると、返還地の直接経済効果を返還前と比べた場合、那覇新都心で32倍、那覇小禄金城地区で14倍、北谷町桑江・北前地区で１０８倍に上る。だが現在も沖縄本島の14・７％の面積に、米軍専用施設が横たわる。さらに米軍基地による「経済阻害」は地上に限らず、空にも広がっている。

第II部

米軍駐留を支えているもの

1　検証日米地位協定

米軍が日本に駐留する「条件」を定めているのが日米地位協定である。米軍が駐留する日本以外の国では、米軍に対してどのような条件下で駐留を認め、受け入れ国の「主権」を位置付けているのか。また駐留に対する受け入れ国からの「財政支援」はどのような水準なのか。各国の状況を比較した。

■地位協定が主権侵害　生活に実害

＊事件・事故と容疑者の身柄

◎引き渡し拒否　捜査に壁

沖縄での米軍関係者による事件事故では、たびたび容疑者の身柄の取り扱いが問題になっている。日米地位協定の規定のため訴追されないまま米本国に逃げる例もあり、公正に裁かれていないとの批判が根強い。

１９９５年の少女乱暴事件を受けて日米で運用改善が合意されたが、米側に裁量権が委ねられたままで日本側の捜査遂行に課題はいまだ残っている。

日米地位協定第17条は、米軍関係者の容疑者の身柄が米側にある場合、その身柄は起訴されるまでは米側が拘禁すると定めている。そのため日本の警察が身柄の引き渡しを米側に求めても拒否される例が後を絶たなかった。

1995 年に日米地位協定の運用改善として、凶悪事件には起訴前の身柄引き渡しに関して米側が「好意的配慮」を払うとした。しかし、その後に起きた放火事件では米側が引き渡しを拒否した。写真は、逮捕状の発出から１カ月以上経過し、起訴された後に日本の警察に引き渡された米海兵隊員＝ 2001 年２月 19 日、沖縄市・沖縄警察署

米軍関係者の起訴前身柄引き渡し拒否などの主な事例

1972	キャンプ・ハンセンでの海兵隊員の日本人従業員ライフル射殺事件で米側は身柄拘束も引き渡し拒否
1993	女性暴行容疑で基地内に拘束中の陸軍兵が軍命令書を偽造し民間機で本国へ逃亡
1995	海兵隊員ら３人が少女を乱暴した事件で身柄引き渡しを拒否。この事件を契機に「好意的配慮」として身柄引き渡しの運用改善が日米で合意
2001	北谷町での米兵による連続放火事件で米側が逮捕同意請求を拒否
	運用改善合意にもかかわらず、女性暴行事件で要請から移転まで４日かかる
1998	北中城村での海兵隊伍長の酒気帯び運転による女子高生ひき逃げ死亡事件で身柄引き渡しを拒否
2002	本島中部での海兵隊少佐による女性暴行未遂事件で明確な理由もなく身柄引き渡しを拒否
2003	複数の海兵隊員による強姦致傷事件では、禁足中の米兵らが基地内で会合
2006	キャンプ瑞慶覧（北谷町）のタクシー強盗事件で米軍拘束の米兵２人は起訴まで米側にあり、１人は除隊し帰国
2008	北谷町の海兵隊員の息子による窃盗事件で基地内に連行した米憲兵隊が県警の事情聴取要請を拒否
2009	読谷村でのひき逃げ死亡事故で基地内の陸軍軍曹が取り調べを拒否

✿「好意的配慮」も課題残る

95年の少女乱暴事件でも身柄引き渡しが拒否され、事件の性格もあり大きな問題に発展した。これを受けて日米両政府は、「殺人や強姦という凶悪な犯罪」には起訴前の身柄引き渡しに「好意的な配慮を払う」ことで合意した。

だが「好意的配慮」の日米合意後も、ひき逃げ死亡事故やタクシー強盗事件などで起訴前に身柄が引き渡されない事態が続いた。さらに連続放火事件で警察の逮捕同意請求が拒否されたり、米側が基地内で「禁足中」とした容疑者の米兵たちが基地内で会って口裏合わせや証拠隠滅ができる状況もあり、捜査上の壁は残ったままだ。

✿裁判権放棄　日米密約も

日米両政府は１９５３年、米軍関係者の事件の起訴を巡って「重要案件以外は日本側は第一次裁判権を放棄する」と、不起訴の密約を交わしていた。在日米軍法務部の担当者は２００１年の論文で「合意は忠実に実行されている」と述べ、密約は50年以上たつ現在も生きていると説明している。

日米地位協定による日本側捜査の壁に加えて、日本側に裁判権がある公務外の犯罪すらも日本側から起訴しない密約を結んでいた。実際に米軍関係者の一般刑法犯の起訴率は、日本人も含めた全体の半分以下になっている実態がある。

名護市安部の海岸に墜落したオスプレイの残骸を回収する米兵。海上保安庁は現場検証を求めたが米側に拒まれた＝2016年12月14日、名護市安部海岸

＊排他的管理権

⚙基地立ち入り、ドイツは自治体も

日米地位協定第3条は米軍に施設・区域の「排他的管理権」を与えている。これには米軍関係者以外の者の基地への立ち入り拒否も含まれる。この立ち入り禁止について、外務省が作成したマニュアル『日米地位協定の考え方』は、日本側の「公権力にも対抗し得る」との認識を示している。こうした解釈について「考え方」は「一般国際法上の原則」としているが、その具体的な規則は存在しないとしている。

一方、米国とイタリアの基地使用協定では、米軍基地を管理するイタリア軍司令官が「全ての区域と施設に立ち入る」

米軍施設への立ち入りに関する他国の条項

イタリア

「イタリアの司令官はその任務を遂行するため、イタリア国主権の擁護者として基地の全ての区域と施設に立ち入る。米国の機密区域として限定され、境界が明確化されている区域に立ち入るための手続きは、米伊司令官による合意を経た上で付属書に明記する」（1995年基地使用手続きに関するモデル実務取り決め第15条1）

ドイツ

「軍隊の当局はドイツの連邦、州、および地方自治体の各段階でそれぞれ権限ある当局に対し、ドイツのそれらの当局が公務を遂行できるように、ドイツの利益を保護するために必要なあらゆる適切な援助（事前通告後の施設区域への立ち入りを含む）を与える。緊急の場合および危険が差し迫っている場合はドイツの当局が事前通告なしに直ちに立ち入れるようにする」（1993年改正ボン補足協定署名議定書第53条）

フィリピン

「任命されたフィリピンの当局者と権限のある代表者は合意された全ての区域に立ち入ることができる。立ち入りの手続きは両国間で合意された手続きに従い、運用の安全とセキュリティーに合致した形で即時に提供されるものとする」（2014年米比防衛協力強化協定第3条の5）

と明記している。米伊両政府が事前に合意した一部の施設は一定の手続きを必要とするが、事前通告などによって立ち入り権は担保されている。

ドイツでも、ドイツ連邦政府だけでなく州や地方自治体も米軍基地への立ち入りが認められている。立ち入りは事前通告制だが、緊急時や「危険が差し迫っている場合」は事前通告なしに直ちに立ち入れる。

フィリピンでは、米軍がフィリピン軍の基地を「訪問」する形での駐留を認めている。そのため施設の管理権はフィリピン側にあり、フィリピン当局の立ち入りが認められている。

一方、日本では基地の外であっても、米軍機の墜落現場などを米軍が封鎖し、日本側当局者の立ち入りを禁止している。米軍の財産を日本側が同意なしに「捜査または差し押さえ」しないとした、日米地位協定の「合意議事録」が根拠だとされ、沖縄国際大学ヘリ墜落事故、名護市安部のオスプレイ墜落事故、東村高江のヘリ墜落事故などで、日本側関係者の現場検証が拒否された。

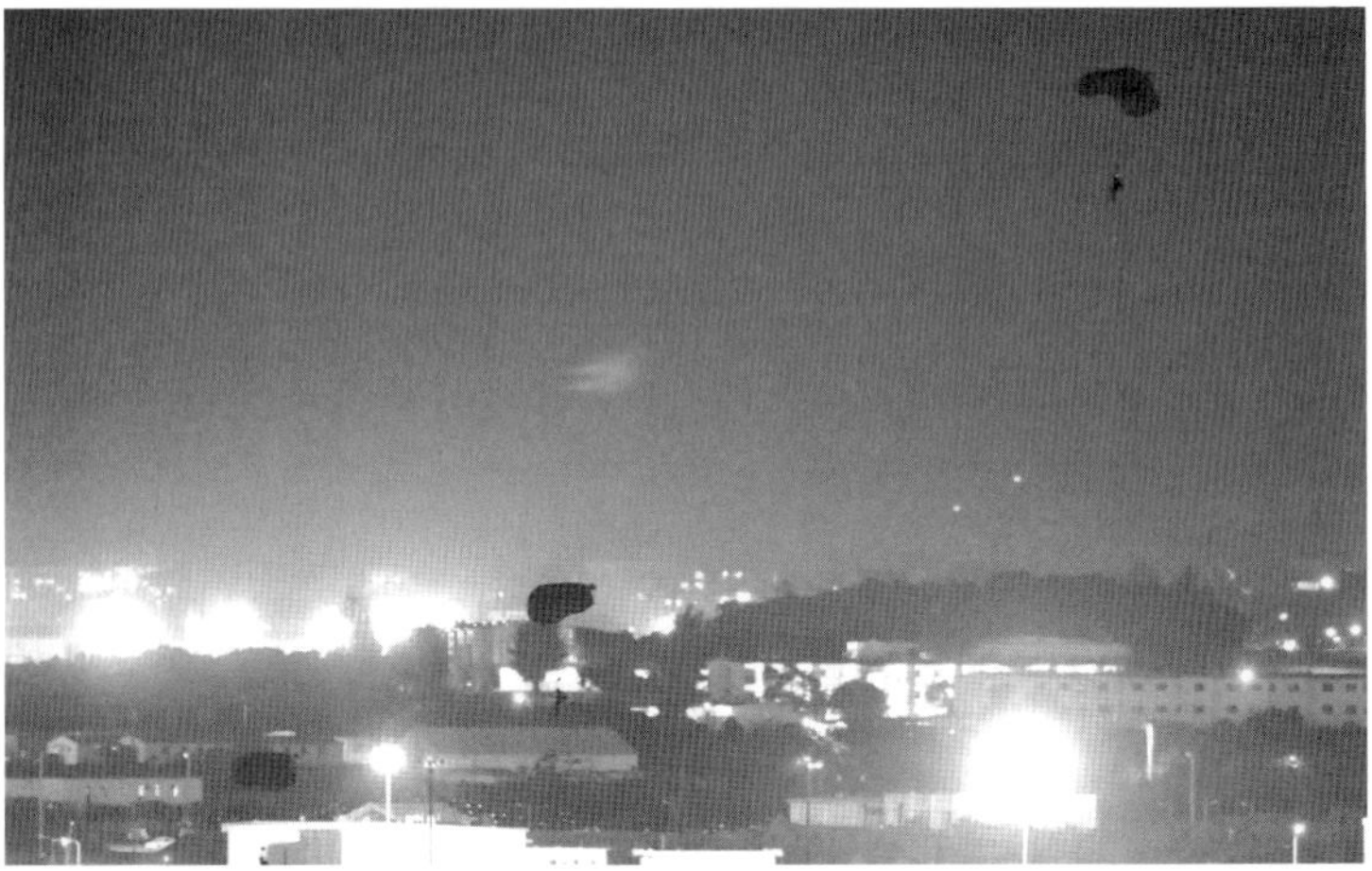

過去には死亡事故も発生している米軍のパラシュート降下訓練。防衛相の中止要請にもかかわらず、米軍は夜間に降下訓練を強行した＝2017年5月10日、嘉手納基地

＊米軍の運用規制

◎イタリアでは事前通知　中断求めて介入も可

日本政府は「運用にかかる問題」として、米軍の訓練を法的に規制はできないとの認識を示している。例えば米軍のパラシュート降下訓練について、日米特別行動委員会（ＳＡＣＯ）合意では伊江島補助飛行場で行うこととなっていることから、防衛省をはじめ日本政府は嘉手納基地で実施をしないよう、米軍に「自粛」を求めてきた。だが米軍は２０１７年には4月、５月、９月の３回にわたり、嘉手納での降下訓練を強行した。

イタリアでは米軍は全ての訓練をイタリア軍の司令官に事前に通知する。米軍基地内はイタリア軍司令官が管理し、イタリアの法律が適用される。イタリア軍司令官は米軍の活動が国

米軍の演習や訓練に関する他国での主な合意内容

イタリア

「米国司令官は米軍の重要な行動の全てについて事前にイタリア司令部に通知する。特に作戦行動、訓練、物資・武器および軍事要員、非軍事要員、並びに万が一生ずるかもしれない事件・事故のいかなるものも通知する」（1995年基地使用手続きに関するモデル実務取り決め第6条3項）

「イタリアの司令官は明らかに公衆の健康または生命に危険を生ずる米国の行動を米国司令官が直ちに中断させるよう介入する」（同6条5項）

「米国司令官は当該施設区域に配属または展開されている部隊の年間訓練計画をイタリア司令官に報告しなければならない」（同17条）

ドイツ

「軍隊または軍属機関の排他的使用に供される施設区域内の使用については、ドイツの法令が適用される」（1993年改正ボン補足協定第53条）

「演習および訓練のためにドイツに送り込まれる部隊による訓練区域、駐屯区域、訓練射撃場の使用は、事前の承認を得るためにドイツ当局に届け出るものとする」（同条2の2）

「軍隊は（中略）ドイツ国防相の承認を条件に、必要な範囲内で施設区域の外で演習・その他の訓練を行う権利を有する」（同45条）

「軍隊はドイツ当局の承認を条件に、防衛任務の達成に必要な範囲においてドイツの空域で演習その他訓練を行う権利を有する」（同46条）

フィリピン

「フィリピン国内で米軍が合意された区域を使用する活動内容は、安全協力訓練、共同・統合訓練、人道支援、災害救助活動とする。その他の活動は両国の同意に基づき行える」（2014年米比防衛協力強化協定第1条の3）

内法に違反している疑いがあれば米軍に忠告し、また「明らかに公衆の健康または生命に危険を生ずる米国の行動」に対しては、中断を求めて介入できる。ドイツでも米軍の訓練は、基地の内外を問わず国内法が適用される。また1993年に改正されたボン補足協定は、施設区域外での訓練には、ドイツ政府への事前通告と承認が必要だと規定された。

日本では訓練区域外であっても、米軍が具体的な訓練の内容や日時を日本側に事前通告したり、許可を得たりする必要はなく、また政府も「米側に求める考えはない」としてきた。

2014年に米国と「防衛協力強化協定」を締結したフィリピンは、国内で米軍に認める活動は安全協力訓練や共同訓練、人道支援、災害救助に限定している。その他の活動は「両国の同意」によってのみ行えると規制している。

＊思いやり予算

◎負担7割超　厚遇突出の日本は電気や水道代も

米軍が海外で駐留する日本や韓国、ドイツ、イタリアでは、駐留経費をそれぞれの割合に応じて各国が負担している。中でも日本の負担割合は7割を超え、突出して高い。内訳を見ると、他国は負担していない電気代や水道代などの「光熱水料費」を日本は負担するなど、厚遇ぶりが際立つ。

各国の駐留経費負担を比較した財務省の資料によると、日本の負担割合が74・5％（2002年）なのに対し、多くの国は5割を切っている。最も割合が低いのはドイツの32・6％だった（185頁参照）。基地従業員給与や施設整備費も日本と韓国は分担しているが、ドイツやイタリアは米側負担だ。

1978年度から始まった在日米軍の駐留経費負担は、当時の金丸信防衛庁長官が「思いやりをもって対処すべきだ」と述べたことから、「思いやり予算」と呼ばれるようになった。開始当初の思いやり予算は62億円だったが、訓練移転費や光熱水料などが拡大し、2015年度予算で1899億円に上った。

トランプ米大統領は、大統領選時に思いやり予算の増額要求を示唆したが、大統領就任後は日米首脳会談では取り上げられていない。

インタビュー①
伊勢崎賢治・東京外語大学教授

米に最も有利な条件「ＮＡＴＯ並み」はうそ

――国際比較から見た日米地位協定の評価は。

「米政府には『グローバルＳＯＦＡ（地位協定）テンプレート』と呼ばれる地位協定交渉のひな形がある。だがこれは米側の交渉官さえ『こんなものは相手が飲まず、締結できない』と指摘している。この内容に最も近いのが日米地位協定だ。つまり米国が最も有利な条件を勝ち取ったものだ。２０１５年の米国務省報告書は、地位協定の締結交渉で米側はどれほど譲歩できるか、という議論をしている。米側も反米感情を抑えるためならば最終的には譲歩するのが戦略だ」

[いせざき・けんじ]
1957年生まれ。2001年からシエラレオネ、03年からアフガニスタンで、それぞれ国連、日本政府の顧問として武装解除を担当。著書に『本当の戦争の話をしよう』など

「外務省は刑事裁判権の問題で日

米地位協定は『ＮＡＴＯ並み』だと説明するが、あれはうそだ。ＮＡＴＯでは加盟国の軍隊が米国に駐留する場合、米国はその国の軍人に対する1次裁判権を放棄する。互いに特権を認める互恵性の発想だ。自衛隊が米国に行ってもこのような特権はない」

――米国は日本が改定を求めても応じないとされる。

「不利になる交渉は『無理だ』とはねつけるのは当然の対応だ。ただそこで抑えきれないほどの反発があれば、安定化を図るために次の策を取る。米国がやってきたことだ」

――「安全保障環境が厳しい」ため、米軍の運用に制限をかけるのは難しいという意見もあるが。

「ＮＡＴＯだってロシアと冷戦状態だったが、冷戦終結前から日米協定より有利な内容はあった。地位協定が日本以外にもあるという意識を日本国民は持っていない」

「南沙諸島問題を受けてフィリピンが２０１４年に締結した『防衛協力強化協定』で認めたのは、米軍の駐留ではなく、あくまで米軍によるフィリピン軍基地の使用だ。もし敷地内に米軍の施設を造っても、そこにはフィリピンの主権が及ぶ。そうでないとフィリピンの国民は納得しなかった。日本と韓国は地位協定における『被差別二兄弟』のような位置付けにある。韓国の首都ソウルは38度線（軍事境界線）に近く、北朝鮮ともまだ『休戦状態』だ。それでも韓国は地位協定の改定を二度実現した」

――日本では米軍に排他的管理権がある。米軍施設に主権が及ぶ感覚がない。

「それどころか日本では基地の外で米軍機が墜落しても、米軍が現場を封鎖している。だが英国などでは例えば基地の外で墜落事故があれば、まず地元警察が現場を確保する。これはＮＡＴＯの関連国で最も親米国だからかな、と思っていたら、トルコでもそうだった。多くの米軍駐留国では『基地を置く場所を貸しているだけで、主権は譲っていない』という発想が根底にある。イタリアでは米軍の訓練は許可制だ。アフガニスタンと米国の地位協定も、至る所に主権という言葉が出る。基地の外に墜落した時に『なぜ米軍がしゃしゃり出るんだ』という発想が日本にはない。これは非常に例外的だ」

――なぜ日本は地位協定の見直しにここまで及び腰なのか。占領終結と引き替えに行政協定（後に地位協定）を締結した歴史的経緯か。

「日本の米軍駐留は占領が起点となったのは事実だ。だがそれはイラクやアフガニスタンも同じだ。他の国と決定的に違うのは、基地が僻地に追いやられて集中していることで、国民の多くがナショナリズムや主権に関する疑問を肌で感じることがなくなっている点だろう」

インタビュー②

明田川融・法政大学教授

日本は運用関与できず　欧州では地元の声反映

――日米地位協定を国際的な比較で見た評価は。

「ドイツは米国と結んだボン補足協定（1993年改定）で、基地外での米軍による演習の実施はドイツ政府の承認を条件とした。基地内の活動にもドイツの国内法が適用される。イタリアは米軍駐留に関するモデル実務取り決め（95年改定）で、訓練における国内法の順守、作戦行動や訓練に関するイタリア軍への事前通知を定めている。基地の管理権はイタリア軍が持ち、『主権』がより前に出ている。いずれも日本ではあり得ない対応だ」

「ボン補足協定はドイツの連邦政府だけでなく自治体にも米軍基地への立ち入りを認めている。イタリアのモデル取り決めはイタリア司令官は米軍施設に『制限なく』入れると規定している。さらにイタリア司令官は『明らかに健康または公衆の健康に危険を生ずる米国の行動』を『中断させるよう介入する』とある。日本では米軍の運用に政府が一切関与できない」

――日本政府が米軍に特定の訓練の「自粛」を要請することもあるが、米軍は強行してきた。

「『順守』を求める根拠となる規定が重要だ。例えば嘉手納基地や普天間飛行場の夜間・早朝飛行問題について、１９９６年に日米が締結した騒音防止協定はあるが、実効性がない。『できる限り』や『必要な場合を除き』というただし書きが抜け穴になっている。こういうことを防ぐには、協定を抜本改定することだ」

「ただドイツも急にここまで来たわけではない。ボン協定は１９９３年に大幅改定された。冷戦終結後、ヨーロッパの安全保障環境に関する議論が巻き起こった時期的な要因も大きかった」

――米軍関係者の犯罪について。日米の密約にある裁判権放棄のような実態は、他国でもあるのか。

「ある。例えばドイツの場合、米国の要請に沿ってドイツは裁判権を放棄する。重大犯罪の場合、ドイツがその裁判権放棄を『撤回』する。基本的に放棄する意味では日本と同じだ。日米が１９５３年に交わした裁判権の放棄密約について、過去に米側は日本に公表を要求した。海外に駐留する軍人の身分は安全だと米議会に説明するため、公にすべきだという理由からだ」

［あけたがわ・とおる］
1963年生まれ。著書に『各国間地位協定の適用に関する比較論考察』（共著）『日米地位協定―その歴史と現在』など

――ドイツは明文で裁判権の原則放棄をうたい、日本は密約で原則放棄している。

「そうだ。だから『日本の地位協定はドイツより有利だ』とされることもある。ただ実態は各国とも著しい違いはなく、ほとんど裁判権を放棄している」

「一方で、最も世論の関心を集めやすい刑事裁判権の扱いが『NATO諸国とあまり変わらない』という評価もあることから、その他の項目も見直す必要はないという雰囲気が生まれる。だがそうなると、基地への立ち入りや環境保全、安全管理や騒音規制、受け入れ国の法律適用など、他に存在する多くの問題にふたがされる。これらは地元にとって切実な問題だ。だが特に本土は、地位協定のさまざまな項目に問題があることを知らない」

――他国では基地を抱える自治体の声を反映させる仕組みはあるか。

「イタリアのモデル協定19条は『地域委員会』の設置を定めている。イタリアと米国の司令官は『基地を抱える地域当局からの異議申し立てや支援要請を受け、いかなる問題も地域レベルで解決できるよう共同して努力する』義務を定めている。一方で地位協定に基づき設置される日米合同委員会は、米軍幹部と日本のエリート官僚だけで構成している」

「当事者である自治体を合同委員会の構成員とするか、地元が要求した議題については県を交えた委員会を開く仕組みを導入すべきだ」

■日米地位協定への視座

在日米軍の駐留条件を定めた日米地位協定の運用に第一線で関わってきた、さまざまな立場の実務関係者から、地位協定の「改定」が必要だとする指摘が上がっている。理由や背景などを聞いた。

汚染監視へ国内法適用を

世一　良幸・元防衛省環境対策室長

――防衛省で環境対策室長を務めた。米軍基地と環境問題をどう考えるか。

「大きな課題は、米軍に国内法を適用することと、返還後に発見される土壌汚染の浄化費用を日本が全面的に負担しているままでいいのか、という2点だ」

――国内法はなぜ適用する必要があるのか。

「現在、米軍は日本の国内法を『尊重』することになっている。だが尊重と適用には大きな違いがある。尊重だと結局は法の解釈は最終的に米軍がする。米軍の一方的かつ好意的な取り組みに期

米軍基地の環境汚染問題について、国内法の適用や立ち入り権の確立が必要だと話す世一良幸氏＝京都市内

待するだけだ。航空機騒音もそうだが、環境問題は本来、厳格な基準に基づき解決されるべきものだ。しかし現状は『最大限』とか『できる限り』などのあいまいな言葉で米軍の『努力』を求める対応ばかりになっている。環境の規制は本来、法律本体だけでなく施行規則や通達なども一体となって運用されている。国内法が適用されれば、防衛省や外務省だけでなく、専門的知見のある環境省も積極的に関与できる利点もある。いったん国内法を適用した上で、防衛施設という特性を踏まえた限定的な形の適用除外を考える余地はあるだろう」

――国内法の適用に関連し、著書では日本側による基地への立ち入りは基本中の基本として認められるべきだと書いている。

「立ち入りはいわば行政処分の入り口だ。普通は日本で工場の近くで汚染が見つかれば、環境当局は『疑わしい』という理由で工場に立ち入ることができる。だが米軍の場合は、司令官が認めた場合にしか日本側は立ち入れない。当事者は基本的に問題を隠したがる。だからこそ第三者が迅速に立ち入る必要がある。回りをきれいにし、跡形もない状態になってから入っても意味がない。何がどれくらい漏れたのか、周辺の地形や地質はどうか、汚染がどう拡大する危険性があるのか、対策はどうか。そういうことを確認する必要がある」

——基地内の環境汚染の実態が日本側で把握されていない。

「米軍は環境汚染事故を記録し、内部で報告している。これを年次報告などで日本側に提供してもらうことはできるはずだ。新しい書類を作るわけではなく、既存の報告書を提供するだけだからだ。軍の裁量だけで『気が向いた時には出します』というやり方は、今の時代には通用しない」

——返還地の汚染除去が日本の負担でいいのか、という点はどうか。

「同じく米軍が駐留するドイツでは、返還地の汚染を除去する義務は米側にある。国際基準は汚染者負担が原則だ。一方、ドイツでは米軍基地が返還される際に、ドイツ政府が米側に施設の残存価値を補償する義務がある。この点を挙げて、米軍の原状回復義務を免除した日米地位協定とドイツの事例ではどちらが有利なのか、判断は難しいという意見がある。だが日本の場合、米軍の施設整備は日本側の負担で行ってきた。そのため米側への『残存価値の補償』という考えは生まれない。だから米側に原状回復義務を免除する代わりに、日本側は残存価値の補償の免除を受けるというのは、一見対等に見える規定を設けているにすぎないとも考えられる。施設・区域の提供と原状回復義務はセットにすべきだ」

地元意見反映の仕組みを
謝花喜一郎・沖縄県副知事

――米軍駐留の実態を調査するためにドイツやイタリアを訪ねた。その内容は。

「特に注目したのは基地管理権、訓練・演習に関する受け入れ国の関与、航空機事故への対応だ。日本では訓練に受け入れ国が全く関与できず、米軍のやりたい放題だと言っても過言ではない。米軍の許可なく基地にも入れない」

「最も違いを感じたのは、ドイツやイタリアでは原則として米軍に自国の法規制を適用し、主権国家として米軍の活動を制御できている点だ。基地の管理権についても、受け入れ国の立ち入り権が協定に明記されている」

「航空機事故に関してはこのところ東村高江のCH53ヘリの不時着炎上や名護市でのオスプレイの墜落があったが、県は米軍が引いた規制線に入ることもできなかった。高江の事故は基地外にもかかわらず米軍が現場の土まで持ち去り、日本側は汚染調査にも関与できなかった。ドイツやイタリアでは同様の事例でも受け入れ国がしっかり調査に関与する枠組みがあった」

――基地を抱える自治体として、印象深かった点は。

「ドイツでは『騒音軽減委員会』、イタリアでは『地域委員会』が設置され、米軍は訓練などの情報をしっかり地元に提供していた。また地元側の意見もしっかり聞いていた。地元の声を反映する枠組みがこの日本、沖縄でも必要だ」

「米軍はドイツでは深夜・早朝の飛行は遺体の搬送などの緊急的な場合に限定し、また飛行回数も定期的に地元に公表している。これを聞いて驚いている私たちを見て、彼ら（ドイツの地元自治体）は『なんでこんな当たり前のことで驚くのか』と驚いていた」

――違いの要因は何か。

「ドイツやイタリアでは駐留に関する協定の改定や新たな協定の締結を実現したことが大きいと思う。日本でもいわゆる米軍との『話し合い』はできると思う。ただ訓練の制限につながるような内容であれば米軍が話し合い自体に応じない懸念もある。それは米軍に圧倒的な管理権があるからだ。前提条件が違うと議題が制限されかねない。その意味で国内法の適用が大きな違

米軍の駐留の在り方は、地元自治体の意見を反映させられることが必要だと強調する謝花喜一郎県副知事＝2018年5月29日、沖縄県庁

いだと思う」

――調査結果を今後はどう発信するのか。

「6月に地位協定を比較するポータルサイトを立ち上げる。パンフレットも作成する予定だ。関連条文の比較を入り口に、具体的な事例を示し、日本とドイツ、イタリアでは対応がどう違うのかを比較する」

「地位協定の改定には国民的な議論が必要だ。だが基地が沖縄に集中していることで、不都合、不具合がある意味、沖縄だけで限定的に現れている。自国の主権に関わる問題だと分かりやすく紹介し、多くの国民の理解を得たい。最終的には国会での議論につなげたい」

「2年間知事公室長を務めた中で、事件事故が相次ぎ、県として地位協定の改定を求める内容を17年ぶりに見直した。一番大きかったのは2016年の悲惨な事件（元米海兵隊員の米軍属による女性暴行殺人事件）だ。その後の地位協定に関する県議会での議論を通し、琉球新報がイタリアやドイツの事例を比べた報道もあり、県も初めて現地で具体的に調査した。この事件は補償の問題も未解決だ。この関係も引き続き調査する。幸い、全国知事会の研究会の中で調査内容を発表させてもらう予定だし、公明党のワーキングチームも地位協定を研究している。少しずつ議論の輪は広がりつつあると思う」

運用改善では不十分

井上　一徳・前沖縄防衛局長　衆議院議員

――日米地位協定の現状をどう考えているか。

「沖縄防衛局長として沖縄に赴任するまで、問題があれば運用改善でやればいいと思っていた。だが、まさに沖縄で生活して、いろいろな人の意見を聞いて地位協定に関する考え方が変わっていった。米国統治下でさまざまな事件・事故があったことや、悔しい思いをたくさん聞いた。結婚間際の女性が米軍人に暴行され、誰にも言わずに結婚したら、肌の色の違う子どもが生まれたという話もあった。でも結局は、基地内に逃げられれば手出しできない。地位協定で守られているからだと言われた」

沖縄防衛局長の経験を踏まえ、日米地位協定改定を「一般的に考えられるテーマにしたい」と語る井上一徳衆院議員＝東京千代田区・議員会館

――国会質疑で改定を訴えている。

「防衛局長時代にシンザト事件（2016年4月のうるま市・米軍属による女性暴行殺

害事件）があり、地位協定は当然変えるべきだと思っていた。その後も米軍のヘリの事故が続いた際に、日本政府が事故原因がはっきり分かるまでの飛行停止を求めても（米軍機が）飛んでしまう。（宜野湾市の）普天間第二小上空は飛ばないという話もそうだ。日本は主権国家だ。米軍に対し、もっと強く言える形をつくらないと、日米安保体制そのものがうまくいかなくなるのではないか」

――改定すべき点はどこか。

「まずは飛行ルートや訓練する場所について。日本全国どこでも訓練ができ、どこで訓練をしているかが分からないのは国民にとって良くない。訓練する場所、条件をしっかり日米間で合意しておくことは必要だ。日本政府が言うように『米軍の運用に関わることなので承知していない』ではおかしい。事件・事故が起こった際、原因究明を日本が主体的にやる在り方を議論する必要はある」

――米軍属の範囲に関する補足協定が締結された。

「外務省が米側に強く働きかけて補足協定ができたと聞いている。ただ、シンザト事件の補償の問題は、遺族にとって切実だ。『軍属』に関する解釈に問題が生じているのなら、日米間できちんとした共通認識があるのか。ないから今その議論になっているが、まずはきちんと遺族に補償をする。その上で日米間で協議をすべきだ」

――国会では国内法と地位協定の関係も取り上げた。

「外務省のホームページでは、あたかも国際法で駐留軍には特別の地位があり、基本的には国内法が適用できないとしている。僕もそうだと思っていたが、米国務省の要請に基づく国際安全保障諮問委員会の報告書では、受け入れ国の法令が適用されるのが一般的な国際法の原則としている。他にも国際法で一般原則は確立されていないという見方がある。外務省の考えが一般原則でないとすれば、きちんと国民にいろいろな見方があることを伝えるべきだ。これしかないというような説明は適当ではない」

――政府は地位協定について「あるべき姿を不断に追求する」との立場で「改定」に前向きではない。

「安保政策や有事法制と同様で、政府を挙げて内閣官房が主体となって各省庁を巻き込んだ相当な作業になる。与野党問わず、改定が必要だと主張している議員や団体もおり、声を大きくしていくことで国民にも考えてもらう広がりをつくりたい」

「保守の立場で改定の必要性を話すことで、耳を傾ける人も増える。例えば『原発ゼロ』を訴えると、少し前まで偏った考えの主張だと見なされることがあったが、東日本大震災を経て、小泉純一郎元首相をはじめ現実的にそれを議論しようという動きが出てきた。まさに地位協定改定も同じように一般的に考えられるテーマにしたい」

2【1972年】日米合同委員会の体制見直し

◎米大使が軍主導の見直しを提起

1972年5月の沖縄の日本復帰を節目として、在日米大使館が「占領期に築かれた異常な関係が存在する」として、日米合同委員会の体制見直しを米国務省に提起していたことが、機密指定を解禁された米公文書で分かった。

日米合同委員会は、米軍駐留の条件を定めた日米地位協定の運用を協議する機関。国務省側も提案を支持したが、米軍の抵抗に遭い、軍部主導の枠組みは温存された。大使館の提案は、在日米軍副司令官が合同委員会の米側代表を務める枠組みを変える内容だった。日本側は全ての委員を文民が占めていることから、米側も代表権を大使館の公使に移し、米軍は技術的見地から大使館側を「補佐」する内容を提起していた。

合同委員会では現在、米側が代表者の他にも6人の委員のうち5人を軍人が占めている。日米間の協議の場で「軍の論理」が最優先されていると指摘されてきたが、米政府の内部からも軍部主導の運営に批判が上がっていたことになる。

在日米軍の２００２年7月31日付の通知は、在日米軍副司令官は合同委員会で「米国防総省や米軍のみならず、米政府全体を代表する立場にある」と明記している。さらに合同委員会の場で「米側を代表する発言または行動を認められた唯一の人物」と位置付けており、現在も米軍が強大な権限を持っていることを示している。

72年5月にインガソル駐日米大使が国務省に宛てた秘密扱いの公電は、「沖縄返還を機に合同委員会の在り方を再検討する必要がある。制服の軍人が日本政府と直接やりとりし、大使館は対応方針に異論を唱える余地がない状況になるまで素通りされている」と不満を示し、見直しを提起した。

これを受けた同じ5月の国務省の秘密扱いの返信は「合同委員会の枠組みは他の多くの国における ものと整合せず、現在の日本の状況下では正当化できない」と大使館に賛同した。

✪米軍抵抗で頓挫

しかし米太平洋軍や在日米軍が、「軍の柔軟性や即応性を維持する必要がある」「合同委員会はうまく機能しており、日本側から変更を求める兆候もない」などと抵抗したことが、72年6月の米大使館発「秘密」公電に記録されている。

これに対し大使館は72年6月の「関係者限り」の文書で、「占領期に築かれた、軍部と背広組が直接やりとりする異常な関係だ」と現行の枠組みを批判した。その上で「安全保障を巡る日本との関係は経済や政治的側面に影響されるようになった」とし、大使館への代表権の移管を求めた。

だが72年8月の米大使館発公文書は、大使館の公使を在日米軍副司令官に次ぐ「代表代理」に任命し、また政治的に敏感な問題に関する情報を早めに提供するなど、米側内部の運用を変更する形で大使館と米軍の交渉が最終的に決着した経緯を記している。

在日米大使館発の公電は米国立公文書館所蔵のもの。

❂基地最優先で確執　米国務省と軍

1972年に日米合同委員会の枠組み変更を求めていた大使館を所管する米国務省と米軍の間では、住民との関係よりも運用の都合を最優先する在日米軍の姿勢について確執もあったことが明らかになっている。

国務省系の研究機関が2004年に実施したインタビューによると、アジア太平洋政策を担当する米国務副次官補や在日米大使館の首席公使などを歴任したラスト・デミング氏が、「大使館と軍の司令官の間では、自然な緊張関係が存在した」と証言している。

デミング氏は米国務省系の研究機関「外交研究・研修協会」が外交史記録を目的に04年12月8日に実施したインタビューで、在日米大使館の勤務経験を振り返っている。

その中で「米軍は最低限の制約の下で彼らの責務を果たすことを望んでいた。大使館はそうした運用上の要求は認識していたが、一方で同盟に対する日本人の長期的な支持を得ることも気にかけていた」と振り返っている。

さらに「それは一時的には軍の即応性について妥協しても、米軍の活動が日本国内で政治的問題を引き起こすのを避けることを意味していた」と、大使館側の視点を述べている。軍の運用が地元との間で引き起こす摩擦の一例として、米軍機の騒音問題に触れている。

❂米軍が政府代表　57年覚書交わす

日米合同委員会の枠組み見直しを巡る在日米大使館発の一連の公電は、現在の合同委員会の源流とも言える「覚書」の存在に言及している。覚書は1957年8月3日にダレス米国務長官（当時）とウィルソン米国防長官（同）が交わしたもので、在日米軍司令官に対し、日本における在外公館のトップに続く「米国ナンバー2」の地位を与えている。覚書は52年の「日本の主権回復」後における、大使館と米軍の関係を確認するものである。

このダレス・ウィルソン覚書は、在日米軍司令官を「外交使節団の代表者に続く地位で、日本にいる外交使節よりも優先される」と位置付けている。

さらに日米地位協定の前身となった、日米行政協定の26条に基づき設置する日米合同委員会に関して、「米軍が参加する現在の枠組みには変更を加えない」と確認した。また「軍事顧問団と外交使節団代表の関係にも一切の変更を加えない」とし、日本の主権回復後も占領期の枠組みを維持することを確認している。米軍に関係する政策で在日米大使館と在日米軍の意見に相違がある場合、米国務省と米国防総省が本国で対応を協議するよう定めている。

1972年の米機密公電集から読み解く
日米合同委員会を巡る米国内のやり取り（要旨）

72年5月

インガソル
駐日米大使

目前に迫る沖縄返還を機に、占領以降在日米軍司令部が米国代表となってきた日米合同委員会のあり方を再検討する必要がある。日米合同委員会では制服の軍人が米政府代表を務め、日本政府と直接やりとりし、大使館は対応方針に異論を唱える余地がない状況になるまで素通りされている。米太平洋軍に対し、米側の代表権を大使館に移すよう提起したい

グリーン
米国務次官補

その提案を完全に支持する。現在の日米合同委員会の枠組みは多くの国での手法とは異なっており、現在の日本の状況下ではもう正当化できない

72年5月29日

米太平洋軍
（在日米軍）

日米合同委員会は現行の枠組みを維持すべきだ。議題は細部にわたり、軍部が取り仕切るのが最善だ。在日米軍参謀長は合同委員会によって軍の柔軟性と即応性を維持している。合同委員会はよく機能しており、日本側から変更を求める兆候もない。米側から合同委員会をより公式な枠組みにするよう促すべきではない

72年6月

インガソル
駐日米大使

沖縄の返還によって米国による日本占領の最後の部分が終わった。沖縄返還交渉で大使館は軍の支援を得て突出した役割を果たした。米軍に関する協議は日本の国内政治により左右されるようになってきた

在日米
大使館

日米合同委員会は日本側は文民で構成しているのに対し、米側は完全に軍部で成り立っている。米大使館が設置される以前、通常の主権国家との関係を築く以前の占領期に築かれた、軍部と背広組の政府代表者が直接やりとりする異常な関係が存在している。安全保障を巡る日本との関係は日に日に経済や政治的側面に影響されるようになってきた。われわれは立場を一にして臨むことが不可欠だ

72年8月

在日米
大使館

春から初夏にかけた大使館と在日米軍の議論の末、日米合同委員会に関する日本政府と在日米軍の協議に関する手続きを改善することで合意した。大使館の政治・軍事代表者（公使）が在日米軍司令部によって上級または代理という形の副代表に指名されることで合意した。大使館の政治・軍事代表者には政治的に敏感な問題に関する対処については、米軍が迅速に情報を提供する。対処方針について大使館側の異論がなければ日本側に通知することを確認した

❂米軍人が「外交代表」　異常な体制

１９７２年に駐日米大使館が日米合同委員会の枠組み見直しを提示したのは、沖縄の日本返還で「占領の最後の部分」が終わるのに、相変わらず米軍が日本国内での活動に関して日本政府の背広組官僚と直接やりとりをしていたことが背景にある。運用の条件や事件・事故の取り扱いなどを定めた日米地位協定という条約の運用を外交官ではない軍人が「政府代表」の立場で取り仕切る「異常」な形態に文民統制の観点からも大使館側が不満を募らせていることが関連公電からはうかがえる。しかし結局、合同委員会の見直しは米軍の「抵抗」で頓挫した。

72年5月、インガソル駐日米大使が「目前に迫る沖縄返還」を機に、日米合同委員会の代表権を米軍から大使館に移管するよう求める秘密扱いの公電を米国務省に送った。同月、グリーン米国務次官補は「その提案を完全に支持する」と表明。大使館側は、米太平洋軍や在日米軍の司令官に見直しを正式に提案する。

だが72年6月に在日米大使館発で米国務長官や米国防総省などに宛てた「関係者限り」の公電によると、5月15日に大使館のシュースミス公使が米太平洋軍司令官に見直しを提案したものの、米太平洋軍は5月29日に「現行の枠組みを維持すべき」だと回答した。

せめぎ合いが続く中、大使館側は同月の「関係者限り」の公電で、現行の合同委員会に関して「大使館が設置される以前、通常の主権国家との関係を築く以前の占領期に築かれた、軍部と背広組の政府代表者が直接やりとりする異常な関係が存在する」と強く批判した。安全保障に関する日本との関係は経済や政治的側面により影響されるようになってきたとして、これらを総合的に判断する外交官が合同委員会の代表権を持つべきだと主張している。

しかし同月の大使館発米国務長官宛ての「秘密」扱いの公電によると、米太平洋軍と在日米軍は、合同委員会の代表見直しに「抵抗」した。米軍は「在日米軍の柔軟性と即応性を維持すること」を重視し、「日本側から変更を求める兆候もない。米側の方から公式な枠組みにするよう促すべきではない」と主張した。

結局、72年8月の米大使館発の公電によると、大使館と米軍は合同委員会について、代表権の変更を含む〝抜本改定〟には踏み込むことはなかった。大使館の公使を米側の代表「代理」に位置付けるほか、政治的に敏感な問題は大使館に早めの情報提供をして軍部と対応を協議するといった、内部の〝運用見直し〟で合意した経緯が記録されている。

◎合同委員会構成メンバー　米7人中、軍人6人

日米合同委員会は日本側6人、米側7人で構成し、その下に25の文科委員会や統括部会などがある。さらに一部の委員会には「部会」も設置され、多岐にわたる協議を手掛ける。メンバーは日本側が代表の外務省北米局長をはじめ全員が文民で構成しているのに対し、米側は7人のうち代表の在日米軍副司令官をはじめ6人が軍人だ。米側唯一の文民は大使館の公使で、代表代理と位置付けられている。合同委員会の議事内容は日米双方の合意がない限り公表されず、過去には米軍犯罪に

関して日本側が重大な事件を除き一次裁判権を放棄する密約も交わされ、「ブラックボックス」と批判されてきた。合同委員会は隔週木曜の午前11時から、都内の米軍施設・ニューサンノーホテルまたは外務省で開催し、議事は英語で進められる。

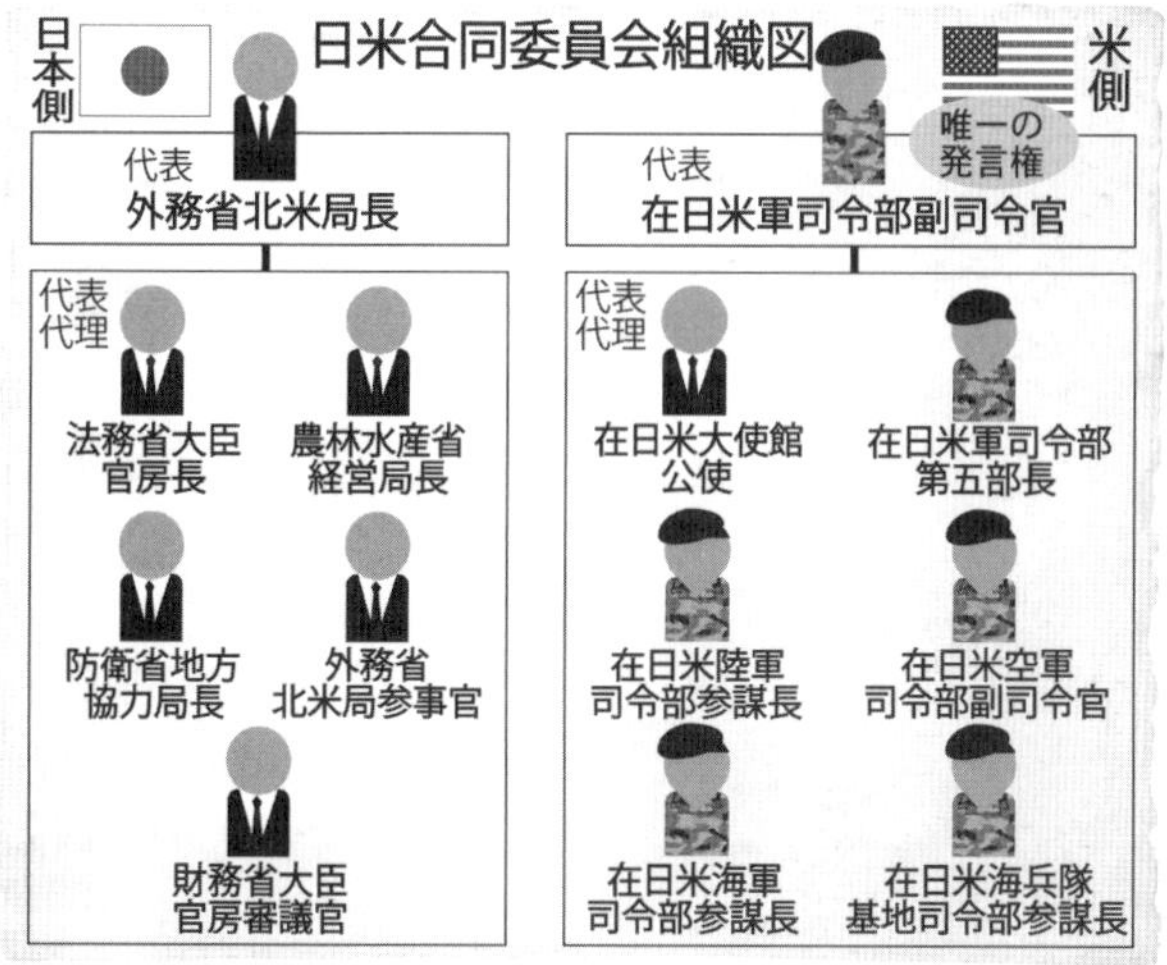

２００２年の在日米軍通知は、米側の委員では在日米軍副司令官のみが「米側を代表して発言または行動できる唯一の人物」としている。同副司令官は「米軍や米国防総省のみならず、米政府全体を代表する」と定めている。大使館の公使は、代表である在日米軍副司令官が欠席した場合にのみ、その役割を務める。

同じく米軍が駐留するイタリアでは、日米合同委員会とほぼ同趣旨の「合同軍事委員会」の設置が規定されている。米伊両国で軍人が代表者に指名されている。一方、両国とも委員会の開催に当たっては、「しかるべき政府当局者の指示に従う」よう定め、文民統制を確保している。

インタビュー
チャールズ・シュミッツ（72年在日米大使館・返還交渉顧問）

日米合同委員会は統制の遺物

1972年の沖縄の施政権返還に合わせ、在日米大使館が日米合同委員会の見直しを提案していた件で、当時、大使館で沖縄返還交渉の法律顧問や政治軍事担当公使を務めた米国務省の元法務官チャールズ・シュミッツ氏（79歳）が、提案の経緯を琉球新報の取材に語った。シュミッツ氏は、合同委員会の見直しは「沖縄復帰による占領の終わり」「新しい日米関係像に向けて重要」として国務省に提案したと説明した。

――なぜ、日米合同委員会の見直しを提案したのか。

「合同委員会の起源は占領そのものだった。占領時には軍が政府と軍事的なルートで話すのは通常のことだ。だが、時間がたつにつれ、大使館は合同委員会の議論により注意を払う必要が出てきた。日本政府の参加者は全て民間人であり、歴史的な経緯を踏まえたとしても、米側の参加者が全て軍関係者であることは異様だ」

「沖縄返還は転換期だった。返還交渉の責任者だったスナイダー在日公使はこれで日本は『占領の終わり』を迎えると考えていた。日本は日米安保を破棄できる権利を持つことを踏まえると、米国と対等の地位を持つまで成熟していた。私は法律家として、合同委員会という占領の遺物に対処する時期だと考えた。軍の助けを大きく借りたとしても、合同委員会の責任者は大使館であり、軍ではなく、大使が委員を指名する権限を持つべきだと考えた」

――提案の結果、どうなったか。

「合同委員会は政府間の議論であり、政府と軍の議論ではないと、合同委員会の構造を変えることを提案したが、もちろん軍は反対した。初めは大使館と在日米軍で交渉が進められたが、現地で解決策を見いだせず、国務省と国防総省の担当部署に送られた。われわれは国務省東アジア担当に、この提案は新たな日米関係像として重要になると報告した」

日米合同委員会の見直しを提案した当時の様子を語るチャールズ・シュミッツ氏＝米ワシントンＤＣ郊外

「だが、国防総省や軍は、合同委員会は施設の運営や軍雇用員の処遇など、より実務的なことを話し合う場だという位置付けだった。大使館はそれについて何も知らないだろうと。大使館の代表が委員に入ることは望んだが、責任者になることは望まなかった」

――結果的には、大使館が妥協した格好だ。

「新しい日米関係の象徴とはならなかったが、コミュニケーションの改善には効果があった。私は政治・軍事担当として合同委員会に参加することになり、合同委員会のナンバー2として扱われ、良好に進んだ」

――だが、軍中心の合同委員会は今も続き、在沖米軍基地の運営にも大きな力を持っている。沖縄の状況についてどう思うか。

「当時の見解としては、復帰から10年後には、米軍は沖縄を去ると思っていた。他国の軍が長期間駐留するのは通常ではないことだ。沖縄は復帰までにも長い間、米軍が駐留し、復帰後も軍が半世紀近く駐留し続けるということは、歴史的にあり得ないことだ」

「沖縄の視点から見ると、いまだに合同委員会が軍関係者中心だということは、異常だし、今も占領下というようにも見えるだろう。だが、合同委員会の中身は見た目ほど悪くない。一方で、沖縄県内で、軍と地域の問題を解決するコミュニケーション方法がないというのは驚きだ。市長らが米軍司令部の関係者と情報を共有し、話す場があってもいい。他国ではそれがある」

3　米軍訓練空域拡大

✦沖縄周辺大幅増、民間機を圧迫

◎2年で6割増

沖縄周辺で民間航空機の航行を制限して米軍が訓練する空域が、この2年間で大幅に広がっていることが、２０１８年3月25日までに分かった。

既存の訓練空域に加え、米軍が必要に応じて使う臨時訓練空域「アルトラブ」を新設する形式だが、実際は常時提供状態となっている。臨時空域の範囲は沖縄周辺の既存米軍訓練空域のほとんどを内包している。

航空関係者によると、これらはほぼ毎日「有効」として発令され、民間機の航行を規制している。だが「臨時」名目のため、米軍の訓練空域を示して県などに情報提供される地図（チャート）には載っていない。

米軍が訓練に使う空域面積は、既存空域の合計と比べ、少なくとも6割程度広がったとみられる。

❂「臨時」設定常態化

国土交通省はこれらを自衛隊用空域の名目で設定している。航空自衛隊は当初「米軍が使ったことはない」と否定していたが、後に「米軍と共同で使用することはある。米軍が単独で訓練を実施しているかは答える立場にない」と修正した。複数の航空関係者によると米軍はこれらの空域を日常的に使用している。

新たな臨時訓練空域の設定日は２０１５年12月だ。米軍は過去にもアルトラブを設定してきたが、既存の訓練空域を包むほど、広大な範囲を設定するのは異例のことだ。

米空軍嘉手納基地が16年12月28日付で作成した資料「空域計画と作戦」は、沖縄周辺の訓練空域「見直し」によって、これらの空域は米軍が使用する「固定型アルトラブ」に設定されたと明記している。

嘉手納基地は、これら空域をアルトラブに設定している事実は認めたが、使用の頻度は「保安上の理由から訓練の詳細は言えない」とした。資料で言及した訓練空域「見直し」の時期や内容は、「日米合意のためコメントできない」とした。

一方、管制関係者やパイロットが参照する航空情報は、この臨時訓練空域で「米軍の活動」が行われることを、使用期間と併せて明記している。

空域を管理する国土交通省は、この空域を米軍が使っているかは「把握していない」としていたが、その後の取材に、「米軍が使う許可は出している。内側で誰が何をしているかは把握していないという意味だ」と訂正した。

国土交通省の関係者は、「民間航空の関係者からは、航行の安全のために訓練空域を削減するよう要請を受けてきた。それと逆行する動きだ」と指摘した。

❂臨時訓練空域アルトラブ

米軍は日本の空で常時提供されている「訓練空域」に加え、それ以外の場所で必要に応じて使用する「臨時訓練空域」で訓練をしている。米軍用の臨時訓練空域は「アルトラブ（ＡＬＴＲＶ）」と呼ばれ、「空域一時留保」とも表現される。国土交通省はアルトラブの存在は認めてきたが、その位置や使用実績など具体的な情報は公表しておらず、国会質疑でも問題視されてきた経緯がある。

航空関係者によると、このアルトラブは年間千回以上にわたり発令され、民間機の運航を排除してきた。だが常時提供の訓練空域には分類していないため、一般に公表される地図には掲載していない。

アルトラブの中には複数の米軍機が移動するのに伴い、その動線を確保するために、他の航空機の進入を規制する「移動型アルトラブ」と、一定の範囲を事前に指定し、米軍が必要に応じて訓練に使う「固定型アルトラブ」の2種類がある。通常、固定型アルトラブは英単語の名前が付いている。

２０１５年12月に沖縄周辺で新たに設定された固定型アルトラブは、「アメリカヘラジカ」を意味する「ＭＯＯＳＥ（ムース）」のほか、「ＴＩＧＥＲ（タイガー）」「ＥＡＧＬＥ（イーグル）」などだ。

大部分で旅客機が上昇不可能な高度6万フィートまでを進入禁止としており、実質的に旅客機は

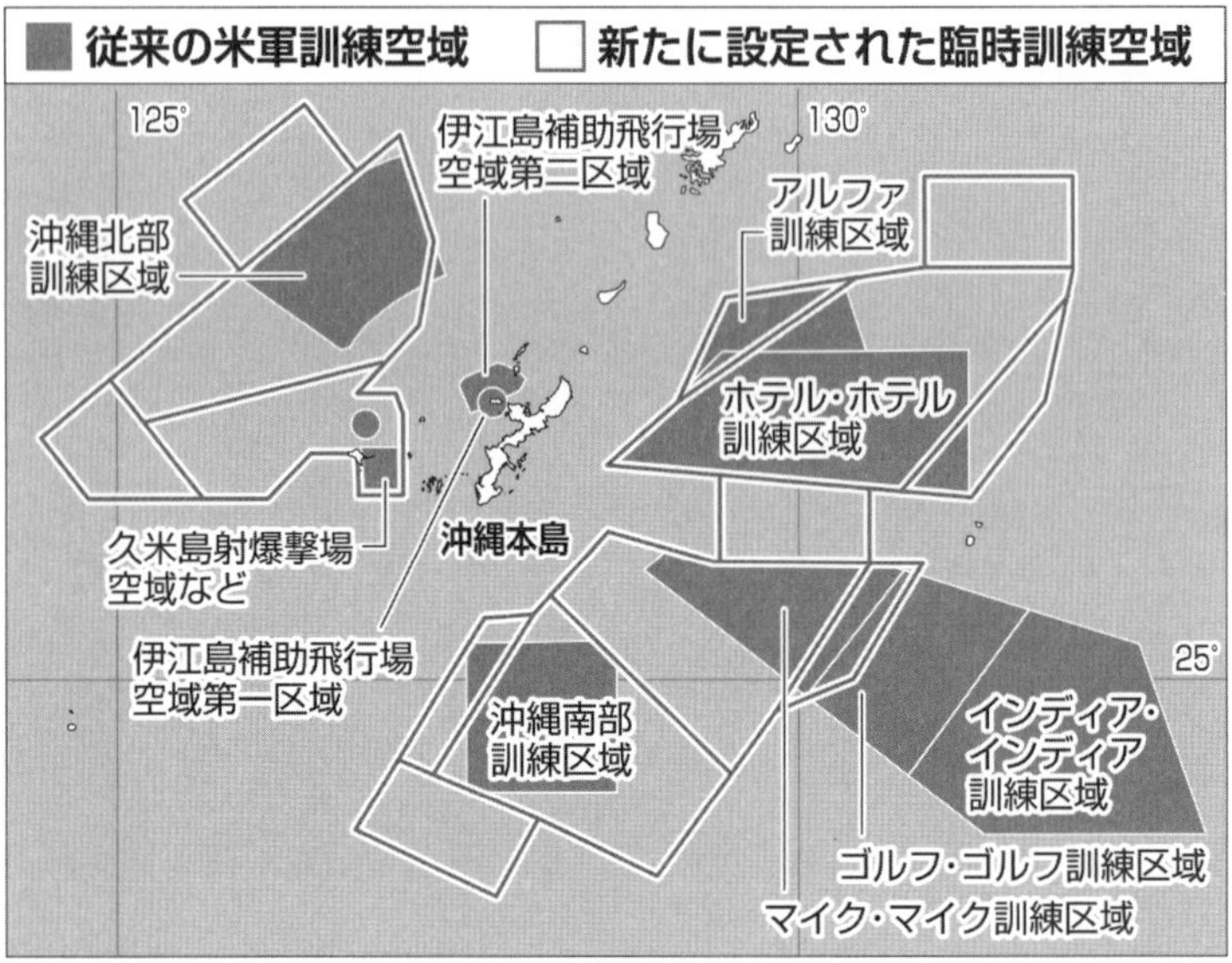

回避する以外に選択肢はない。

「臨時訓練空域」には自衛隊用も存在するが、通常は「X」などのアルファベット1文字と数字の組み合わせになっている。

一方、15年12月に沖縄周辺で新設された「自衛隊用臨時訓練空域」の名前は、米軍用アルトラブの形式（英単語）になっている。

その理由について国土交通省は、「防衛省からの協議を受けて設定した」と述べるにとどめた。航空自衛隊は「国土交通省との省庁間協議の結果、国土交通省が指定した」とした。

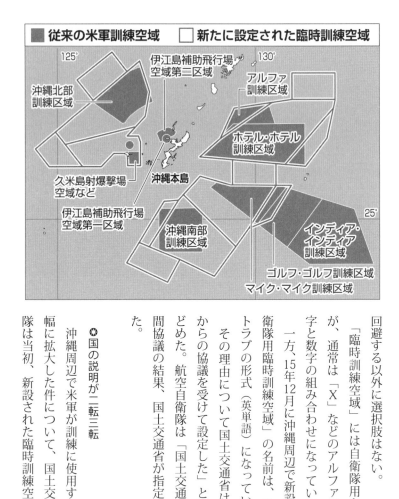

◎国の説明が二転三転

沖縄周辺で米軍が訓練に使用する空域が大幅に拡大した件について、国土交通省や自衛隊は当初、新設された臨時訓練空域の存在や米軍の使用を否定するなど、説明が二転三転した。結果的に米軍が使用する臨時空域の存在は認めたが、使用の実態は「米軍の運用に関わること」として明らかにしていない。

さらに航空自衛隊は当初、これらの訓練空域について「調べた結果、共同訓練も含めて米軍が使用した実績はなかった」（18年3月9日）と、事実に反する回答をしていた。

国土交通省は2月14日、「既存の米軍訓練空域を内包する訓練空域の使用を、これまで米軍に認めたことがあるか」との問いに、口頭で「そういった空域はない」と否定していた。だがその2日後の文書回答では、「米軍の運用に関わることでお答えを差し控える」と、異なる表現になった。

その後、国土交通省は3月5日、一転して空域の存在を認めたが、空域は「自衛隊用」だと説明した。

一方、米空軍が作成した文書では、これらの空域は米軍が使う「アルトラブ」として設定されていた。米側の文書でも空域の名前（ＴＩＧＥＲなど）や範囲が一致し、さらにパイロットや管制官らが参照する航空情報でも、これらの空域で「米軍の活動が行われる」と明記していた。

これらの整合性を確認したところ、国土交通省は3月14日、米軍に空域の使用を許可していることは認めたが、実際の使用状況は「把握していない」とした。

またその前日の13日、空域が米文書ではアルトラブとされていることには、「コメントする立場にない」とした。

また国土交通省が臨時訓練空域の使用者として公示している航空自衛隊側も、当初は米軍による空域の使用を全面否定していた。だがその後3月24日に、「米軍と共同で使用する場合はある。米軍が単独で訓練を実施しているかは、米軍の運用に関することでお答えする立場にない」と、回答を修正した。

❂民間機、迂回余儀なく既存航路を廃止も

沖縄周辺で米軍が訓練に使う空域が、２０１５年12月の「臨時訓練空域」の新設によって大幅に拡大している件で、民間航空機が迂回を余儀なくされていることが分かった。

国土交通省の関係者は「既存の航路をつぶし、米軍が使う訓練空域を設けるのはあり得ない対応だと（臨時訓練空域の）設定時も内部で議論になった」と明らかにした。米軍の既存の訓練空域でも、那覇―上海間が大きく遠回りをしているほか、那覇発着の国内便でも細かな迂回が生じており、問題視されてきた。

新たな臨時訓練空域はそれぞれ「ＴＩＧＥＲ」「ＭＯＯＳＥ」「ＥＡＧＬＥ」などの名前が付いている。空中給油をする場所「ＥＤＩＸ」も付属している。15年12月10日に沖縄本島の東西に複数の地点で新設された。分類は「臨時」空域だが、航空関係者によると週末などを除いてほぼ毎日発令され、実質的に常設状態となっている。

国土交通省はこれらの空域は「自衛隊臨時空域」と説明する。一方、米空軍嘉手納基地が作成した資料は、自らが使用する臨時訓練空域「固定型アルトラブ（ＡＬＴＲＶ）」と記している。

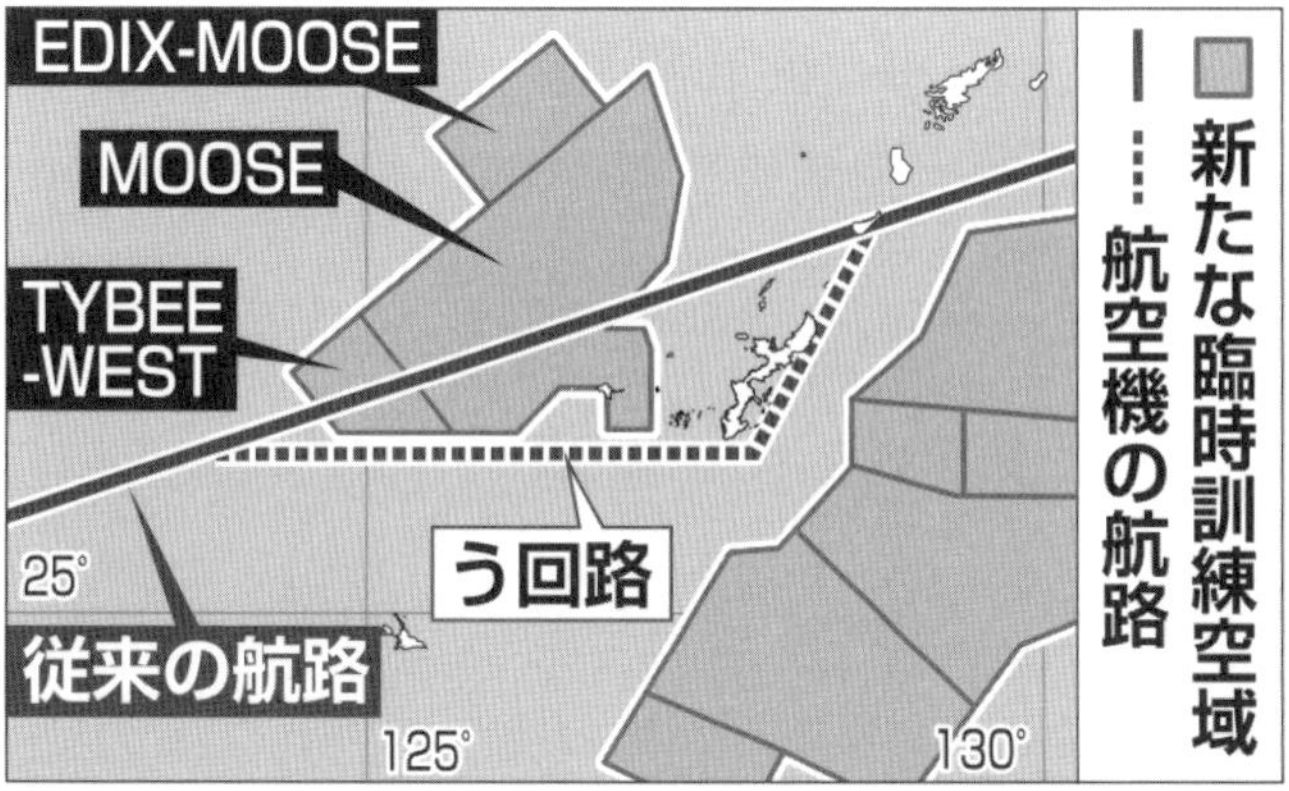

本島西の「ＭＯＯＳＥ」の内側は、台湾方面から米西海岸などに向かう民間機が通る「Ｒ５８３」という航路があった。これは台湾方面から本島の北東にある沖永良部島付近へと一直線で向かい、太平洋に抜けるコースだった。

だが臨時訓練空域の新設から約1カ月後の16年1月7日、同経路は台湾管制と日本管制の境界から日本側の区域で廃止された。国土交通省は廃止と併せ、同じコースに「Ｚ31」という別名の経路を新設した。

だが「Ｚ31」は、訓練が実施されていないとみられる夜間にのみ民間機の運航を認めている。それ以外の時間で「ＭＯＯＳＥ」が「有効」になっている場合、民間機は沖縄本島付近を通って迂回する必要が生じた。

従来の航路を廃止した理由について国土交通省は、「より効率的な交通流形成のため」とし、臨時訓練空域の新設には触れなかった。

航空関係者はこの措置について、「那覇空港を発着する国内線に新たな支障が出たとは聞いていない」とした上で、「主

に国際線で影響が出ているのでは」との見方を示した。

◆問われる国の管理責任

沖縄周辺で米軍が訓練に使う空域が、この2年間で大きく広がった。その措置は新たな空域を「臨時」と分類することで、米軍訓練空域を示した一般の地図には掲載されず、情報は航空関係者など一部だけに共有されていた。だが「臨時」の表現とは裏腹に、訓練空域は日常的に運用されている。また「自衛隊の空域」という〝看板〟にしているが、米軍が繰り返し使っており、国土交通省による空域管理行政の透明性にも疑問符が付く。米軍は既に提供されている常設の訓練空域に加え、これらの「臨時空域」も使用でき、空の基地の肥大化が静かに進んだ。

沖縄周辺の米軍や自衛隊の訓練空域を巡っては、官民の航空関係労組でつくる航空安全推進連絡会議が、安全運航に影響を及ぼしているとして削減を求めてきた。今回の臨時訓練空域の新設はこれに逆行する。

しかしその事実は広く周知されず、沖縄県も把握していなかった。政府は、米軍厚木基地からの空母艦載機移転に伴い、2016年に米軍も使える臨時訓練空域「ＩＴＲＡ」を岩国周辺で新設した際には、山口県にこの計画を説明しており、対応は二重基準だとも言える。

その結果、沖縄では空域拡大の是非は議論されず、民間航空への影響に関する分析・評価も公になされてこなかった。米軍に「提供」されてもいない「臨時訓練空域ＡＬＴＲＶ（アルトラブ）」という、法的な位置付けがあいまいな場所で米軍が訓練を行うのは、日米地位協定上も問題があると指摘されてきた。

政府がアルトラブの運用に関する詳細を一切公にしていない以上、日米間で運用ルールがどう確認されているのかも不明だ。訓練空域の存在は、実際に民間航空の運航に影響を与えており、まずは説明責任が問われる。

◆──あとがき

異質な存在、いびつな関係に終止符を

連載「駐留の実像」取材班代表　島袋　良太

2018年9月末の沖縄県知事選挙で、米軍普天間飛行場の移設に伴う名護市辺野古の新基地建設に反対する玉城デニー氏が、政権が推す佐喜真淳候補に大勝した。玉城氏は膵《すい》がんで8月に急逝した翁長雄志前知事の「遺志を継ぐ」として選挙戦で訴えており、辺野古新基地建設に反対する沖縄県民の根強い民意が示された。

一方で、辺野古新基地建設に多くの県民が反対し、政府はそれを押し切って工事を進めようとするという「対立軸」はよく伝えられるが、なぜこれほどまでに沖縄県民の「反対」が根強く、そしてその根底にある「不信感」が染み付いているのかは、なかなか伝わっていない。辺野古新基地建設問題はある意味でその「象徴」であり、実際の「基地問題」はより多岐にわたる根深いものだ。

同盟の現場である沖縄で暮らすと、その理由を肌で感じる。それは政治的な思想信条に基づくものではなく、たとえば健康や生命に深く関係する飲み水の汚染が発覚しても実態解明すらできない状況や、深夜や早朝にも米軍機の騒音が鳴り止まないといった生活に関わる事柄だ。最たるものは事件・事故だが、その原因究明や処理の実態を見れば、基地のそばに暮らす人々が、不安や憤りを抱えた暮らしを余儀なくされていることが分かるだろう。

その状況を「システム」として支えてきたのが日米地位協定だ。米軍基地問題にさまざま論点はあれど、歴代の沖縄県知事や県議会が保革を問わず共通して地位協定の「抜本改定」を求めてきたことから、沖縄県民がどれほどその中身を「理不尽」だと感じているのかがうかがえる。先の知事選で政権与党などが推した佐喜真氏も地位協定の抜本改定を求め、基地を抱える自治体が日米合同委員会に関与できる仕組みを要求していた。

日本の国土にありながら、日本の法律は適用されず、騒音などの規制も及ばない「異質」なものとして現在の在日米軍基地は存在している。しかし本書を読めば分かるように、日本と同じく米軍が大規模に駐留するドイツやイタリアでは、駐留米軍にも自国の法律を適用している。基地を抱える地元自治体にも、基地への立ち入り権や騒音や環境問題に関する公式な協議の機会を保障している。

米軍機によるゴンドラのケーブル切断事故について、当時の米側との協議の様子を聞いた元イタリア空軍トップのレオナルド・トリカルコ氏は、インタビューを終えた筆者を引きとめ、「沖縄の状況は聞いたことがある。真の友人とは、間違ったことがあればしっかりと伝えてあげる関係のことだ。日本の皆さんに伝えてほしい」と話し、現在の日米同盟の関係性に懸念を示していた。

たとえ同盟国に対してでも、国民の生命・財産、そして平穏な生活を守るためには強く主張し、自国の主権を守るという一線は譲らないという方針が、ドイツやイタリアの関係者を取材して感じたことだった。

日米同盟が「蜜月」の時期にあると言われる今、一方では米軍の駐留に伴い自国の主権や基地のそばに住む人々の暮らしが置き去りにされてきた実態が問われている。２０１８年７月には、47都道府県の知事で組織する全国知事会が、初めて日米地位協定の改定を求める決議を全会一致で採択し、翌８月にはその実現を求め日米両政府に要請した。具体的な要請内容は在日米軍に国内法を適用することや、事件・事故時の日本側による基地内への立ち入り権の確保などだ。政府が日米地位協定改定の必要性を否定する中で、住民生活を直接預かる地方自治体の代表者である全国知事会が「反旗」を翻したことは、大きな節目だと言えよう。

地位協定をめぐる議論は主権の問題であるだけでなく、自治権の問題でもある。本書で取り上げた個々の事例比較を通じて、米軍駐留のあり方をめぐる議論を深めることができれば幸いである。

最後に、取材に当たってご協力いただいた多くの皆様に、改めてこの場でお礼を申し上げたい。とりわけ伊勢﨑賢治東京外語大学教授、明田川融法政大学教授、櫻川明巧金沢工業大学教授には、連載を始めるに当たって専門的見地からお知恵を借り、視座をいただいたことが大きな力となった。また連載の書籍化に向けてご尽力いただいた山本邦彦さんをはじめ高文研の皆様にも、心より感謝申し上げたい。

《２０１８年11月１日　記》

「駐留の実像」取材班一覧（肩書きは連載執筆当時）

■島袋良太（しまぶくろ・りょうた　政治部）
■滝本　匠（たきもと・たくみ　政治部）
■仲村良太（なかむら・りょうた　東京報道部）
■中村万里子（なかむら・まりこ　政治部）
■座波幸代（ざは・ゆきよ　ワシントン特派員）
■明　真南斗（あきら・まなと　中部報道部）
■清水柚里（しみず・ゆり　中部報道部）
■安富智希（やすとみ・ともき　中部報道部）
■阪口彩子（さかぐち・あやこ　北部報道部）
■金良孝矢（きんら・たかや　社会部）
■上江洲真梨子（うえず・まりこ　中部報道部）
■當山幸都（とうやま・ゆきと　東京報道部）

琉球新報社

1893年9月15日に沖縄初の新聞として創刊。1940年、政府による戦時新聞統合で沖縄朝日新聞、沖縄日報と統合し「沖縄新報」設立。戦後、米軍統治下での「ウルマ新報」「うるま新報」を経て、1951年のサンフランシスコ講和条約締結を機に題字を「琉球新報」に復題。現在に至る。
各種のスクープ、キャンペーン報道で、4度の日本新聞協会賞のほか、日本ジャーナリスト会議（ＪＣＪ）賞、石橋湛山記念早稲田ジャーナリズム大賞、平和・協同ジャーナリスト基金賞、新聞労連ジャーナリズム大賞、日本農業ジャーナリスト賞など、多数の受賞記事を生んでいる。

この海／山／空はだれのもの!?
米軍が駐留するということ
●二〇一八年一二月一日――第一刷発行
編著者／琉球新報社編集局
発行所／株式会社 高文研
東京都千代田区神田猿楽町二―一―八
三恵ビル（〒一〇一＝〇〇六四）
電話 03＝3295＝3415
振替 00160＝6＝18956
http://www.koubunken.co.jp
印刷・製本／精文堂印刷株式会社
★万一、乱丁・落丁があったときは、送料当方負担でお取り替えいたします。
ISBN978-4-87498-663-9 C0036